HIT-LA

绿宝书系列之①

卓越风景线

哈尔滨工业大学风景园林专业本科学习指南

哈尔滨工业大学建筑学院景观系　编著

主　编：吴松涛

副主编：李同予　刘　扬　赵　巍　唐岳兴

编委会（按姓氏笔画排序）：

于稚男　王　未　冯　珊　冯　瑶

曲广滨　朱　逊　刘晓光　李光皓

吴　冰　吴远翔　余　洋　张一飞

邵　龙　董　禹　董　琪

中国林业出版社

·北 京·

图书在版编目（CIP）数据

卓越风景线：哈尔滨工业大学风景园林专业本科学习指南/哈尔滨工业大学建筑学院景观系编著. -- 北京：中国林业出版社，2021.1

　　ISBN 978-7-5219-0942-5

　　Ⅰ.①卓… Ⅱ.①哈… Ⅲ.①园林设计—高等学校—教学参考资料 Ⅳ.①TU986.2

　　中国版本图书馆CIP数据核字(2020)第252984号

卓越风景线——哈尔滨工业大学风景园林专业本科学习指南
ZHUOYUE FENGJINGXIAN——HAERBIN GONGYE DAXUE FENGJING
YUANLIN ZHUANYE BENKE XUEXI ZHINAN

责任编辑： 何增明　王全
出版发行： 中国林业出版社
　　　　　　（100009 北京市西城区刘海胡同7号）
电　话： 010-83143517
印　刷： 北京博海升彩色印刷有限公司
版　次： 2021年2月第1版
印　次： 2021年2月第1次印刷
开　本： 787mm×1092mm　1/16
印　张： 12
字　数： 240千字
定　价： 98.00元

PREFACE 前言

　　2020年是国家"十三五"规划的收官之年，也是国家高等院校教育改革、推进"双一流"建设阶段目标的关键之年，值此特殊的时刻，哈尔滨工业大学迎来了百年校庆。习近平总书记发来贺信，称赞哈尔滨工业大学建校以来，尤其是中华人民共和国成立以来"打造了一大批国之重器，培养了一大批杰出人才"，使广大师生受到了巨大的鼓舞。

　　理工强校是目前哈尔滨工业大学发展的重要立足点，人居环境学科是哈尔滨工业大学起步的根基，哈尔滨工业大学至今体现出大国重器担当和服务人居环境的两大办学特色。

　　相比于人居环境学科的相关专业，哈尔滨工业大学景观系风景园林专业是一个年轻的学科，从1985年开辟教学方向到2009年本科第一次招生，虽然只经过了短短的十余年，却涌现出一大批优秀的教师和学生，为我国景观与风景园林事业做出了独特的贡献。

　　从2005年"绿水青山就是金山银山"的发展理念提出，到2013年走上"生态文明为引领、新型城镇化建设为特色"的发展道路，尤其是2018年生态文明建设写入宪法，以及2019年全面开展国土空间规划工作以来，以国土生态基质研究为核心的风景园林学科迎来了巨大的发展空间。

　　为使广大师生和风景园林专业学生更好地了解专业，理解培养计划，更好地投入到美丽中国的建设之中，我们结合十余年的办学积累，编写了本部《卓越风景线——哈尔滨工业大学风景园林专业本科学习指南》（以下简称《指南》），以本科培养计划为中心，汇集了专业历程、专业特色、专业目标、培养理念和相应的理论与设计课程、代表性作业，以期为广大同学提供一个伴随成长的"指南"。

　　《指南》初稿完成之际恰逢百年校庆，党和国家对哈尔滨工业大学发展提出了更高的要求，在"扎根黑土、家国情怀"的办学理念指导下，景观系根据自身专业特色，提出了"吾之卓越、国之风景"的人才价值观，本书名《卓越风景线》即取意于此，希望广大风景园林专业师生早日成为"贺信"所提出的杰出人才，美丽中国，美丽人生！

吴松涛

2020年6月7日

目录 CONTENTS

前言　Preface

第1章　专业发展概述　Development Overview　/ 01

1.1　专业发展历程 ‖ 刘晓光　李同予 ……………………………………02
Development History of Landscape Architecture of Harbin Institute of Technology

1.2　专业培养理念 ‖ 吴松涛 …………………………………………………03
Training Concept of Landscape Architecture of Harbin Institute of Technology

第2章　本科培养计划　Undergraduate Training Plan　/ 09

2.1　哈尔滨工业大学建筑学院人居环境学科群专业关系概述 ‖ 邵郁　董宇　李同予 ……10
Introduction to Human Settlement and Environment Disciplines of the School of Architecture of Harbin Institute of Technology

2.2　2016/2020版本科培养计划演变概述 ‖ 刘扬 …………………………11
Overview for the Evolution of 2016/2020 Training Plan

2.3　原理课、基础理论课与规划设计课课程链体系 ‖ 吴远翔 ………………16
Curriculum Chain System of the Courses for the Principles, Basic Theories and Planning and Design

2.4　实习、实训、设计竞赛类课程简介 ‖ 曲广滨 …………………………19
Introduction to Internship, Practical Training and Design Competition Courses

2.5　校企合作培养模式 ‖ 余洋 ………………………………………………20
School-Enterprise Cooperation Training Model

第3章　本科课程大纲与作业参考　Undergraduate Course Outline and Assignment
Reference　/ 29

3.1　本科一年级优秀作业 ··· 30
Excellent Assignments for the 1st Grade

3.2　本科二年级优秀作业 ··· 41
Excellent Assignments for the 2nd Grade

3.3　本科三年级优秀作业 ··· 68
Excellent Assignments for the 3rd Grade

3.4　本科四年级优秀作业 ··· 94
Excellent Assignments for the 4th of Grade

3.5　本科五年级优秀作业 ··· 140
Excellent Assignments for the 5th Grade

3.6　设计竞赛 ··· 165
Design Competition

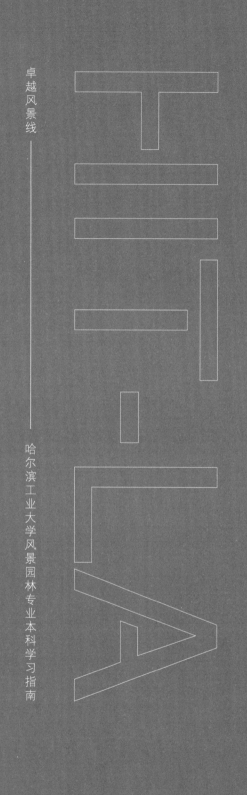

卓越风景线

哈尔滨工业大学风景园林专业本科学习指南

专业发展概述
Development Overview

第 ① 章

1.1 专业发展历程

Development History of Landscape Architecture of Harbin Institute of Technology

刘晓光 李同予

哈尔滨工业大学风景园林专业秉承学校百年办学底蕴与传统优势，是建筑学院一级学科群的重要成员。1981年，滋养于建筑学院深厚的发展沃土，侯幼彬先生建构了中国园林意境理论，并开始指导研究生开启风景园林方向的学术研究，赵光辉的《中国寺庙的园林环境》、梅洪元的《东北广场》、刘德明的《寒地公共环境》等成果相继发表，风景园林学在建筑学科中孕育成长。1985年，建立哈尔滨工业大学风景园林规划与设计学科方向。1997年，随着国务院学位委员会和国家教育委员会颁布《授予博士、硕士学位的学科、专业目录》，将已经存在的风景园林规划与设计学科方向，并入城市规划与设计学科，成立了哈尔滨工业大学城市规划（含：园林规划与设计）专业，并逐步开设相关专业课程，风景园林学教育在城市规划学科中逐步发展。

步入21世纪，哈尔滨工业大学风景园林学科开启了飞跃发展阶段。2005年，获得全国首批风景园林硕士学位授予权；2008年获得本科五年制工学学士学位授予权；2011年获得全国首批风景园林学一级学科博士学位授予权，并于2014年获得全国首批风景园林学博士后科研流动站。至此，哈尔滨工业大学风景园林学科逐步形成"厚基础、强实践、重能力、求创新"的办学特色，专业教学和科研以生态规划、景观设计为主体，以生态可持续为内核，以提升人文素质为支撑。在全系师生的共同努力下，于2016年教育部学科评估中位列全国建筑类高校第7位，于2019年入选首批黑龙江省省级一流本科专业建设点，目前正在申报国家级一流本科专业。

学科现有专职教师20人，共享教师5人，90%的教师拥有博士学位，80%的教师具有海外留学或访学经历，教师队伍具有优秀的学术研究能力、专业教学水准和工程实践经验。在成立短短十数年间，学科承担了大量国家、省部级科研课题，取得了丰硕的教学和科研成果。近年来，积极与国内外大学建立稳定的科研合作关系，建立跨国、跨校联合实验基地及景观联合研究基地，同时也积极发挥校内学科交叉优势，与环境学院、计算机应用技术、土木工程、管理科学与工程等学科密切合作，依托建筑学、城乡规划学两个一级学科以及哈尔滨工业大学建筑设计研究院、哈尔滨工业大学城市规划设计研究院等企事业单位，形成了具有一定规模和影响力的科研团队、示范中心和校企联合培养平台。

新百年新起点，适逢哈尔滨工业大学百年校庆之际，建筑学院风景园林专业将进入腾飞的新时期！将以更加开放的国际视野和扎根本土的家国情怀，面向国家新工科发展需求，打造国际国内一流学科专业。立足"吾之卓越、国之风景"新的人才培养价值观，竭力培养具有卓越知识、素质和能力的创新人才，为美丽中国发展提供不竭动力！

1.2　专业培养理念

Training Concept of Landscape Architecture of Harbin Institute of Technology

吴松涛

风景园林学是一个古老而又年轻的学科，从有人类聚落开始，以"祭祀、头领权威、防卫震慑"为主导，"场景化营造"就成为有意识的设计行为，到城市形成的时期，以"皇家园林、私家庄园、城市仪式与纪念场所"等特定空间为核心，风景园林规划和城市景观设计原则与标准已形成较为成熟的体系，如中国古代的《园冶》、西方的《建筑十书》、古典空间比例模数等，并成为城市营造的重要组成部分，更由于文人骚客纵情山水的风景园林诗文作品，形成了诗情画意的美好意象。

随着社会经济与文明的进步，风景园林逐步走入寻常生活中，过去只为皇家权贵服务的风景园林设计师，开始为"人民的城市和人民的公园"服务，逐步衍化为风景园林设计师和城市景观设计师两种执业称谓，有趣的是其英文名词"Landscape Architecture"在语意丰富的汉语里遭遇了尴尬，至今在我国被理解为"风景园林学和景观建筑学"两种译法，在农林类院校和建筑类院校分别理解和使用。

2011年开始，风景园林学被列为与建筑学、城乡规划学并列的一级学科，据统计，这是国家一级学科中最年轻的学科之一。据此，"风景园林学"这一英语词汇形成为固定的中国语汇，但其内涵与外延仍然在不同的院校中演化形成不同的学科方向和教学的侧重点，这也是风景园林学内容日益丰富和深度广度不断扩大的原因之一。

21世纪初，习近平总书记提出了"绿水青山就是金山银山，冰天雪地也是金山银山"的理念，风景园林学作为研究城乡山水景观空间的支撑性学科，在"生态文明建设、新型城镇化转型、国土空间规划需求"等多重背景下，其学科含义更加明晰。

风景园林学是塑造全球城乡人居环境、自然环境与社会文化、协调人与自然和谐共生的重要综合性学科，侧重对多类型、多尺度复杂国土空间生态环境的研究规划和设计的学科。

风景园林学涉及"城市景色中我们看到的一切"（景观大师、建筑师吉伯特）。在知识融合与学科交叉的背景下，风景园林学正成为国土空间规划、城乡规划、建筑学等学科未来发展的共融性专业，专业学习与研究方向既有微观尺度的庭院、小绿地，也涉及城市中观尺度的景观建筑、城市设计、生态公园等城市开放空间景观设计；还包括人居宏观尺度的人文与自然遗产景观保护与更新、国土生态基础设施、生态评价、绿色城市、国土空间规划、遥感与地理信息等不同层级与学科方向。

哈尔滨工业大学建筑学院于1985年建立风景园林规划与设计学科方向，2005年获得全国首批硕士学位授予权，2008年获得本科五年制工学学士学位授予权，2009年景观系首批风景园林专业本科生入学，2011年获得全国首批风景园林学一级学科博士学位授予权，2012年获批黑龙江省寒地景观科学与技术重点实验室，2014年获得风景园林学博士后科研流动站，2016年国家学科评估位列全国建筑类高校第7位，目前正在申报国家级一流本科专业。

2020年是"十三五"规划的收官之年，也是哈尔滨工业大学推进"双一流"阶段性目标实现的关键之年、深化教育综合改革的验收之年、更是学校新百年建设的元年。值此特定的历史阶段，经过慎重思考，结合风景园林专业指导意见，特提出如下专业课程设置与人才培养理念（图1-1）：

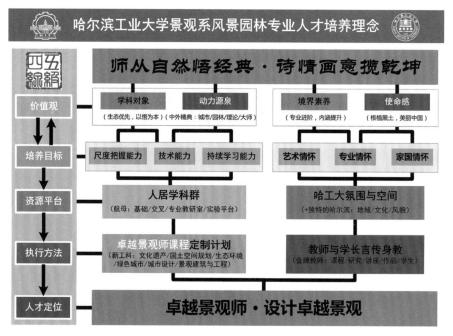

图1-1 哈尔滨工业大学景观系风景园林专业人才培养理念

其中包含"价值观、培养目标、资源平台、执行方法、人才定位"五个层级以及"专业基础认识、持续学习能力、专业境界与素养、专业使命感"等四条主线的综合涵义。

1.2.1 专业价值观构成

价值观是人类认定事物，判断是非的思想基础和决策方向的出发点，又称价值取向。专业价值观同样决定对专业学习认识和发展的基本出发点，但同时也与专业所属学科、教育对象、发展目标等密切相关。哈尔滨工业大学风景园林专业价值观与同行相比，课程体系有自身特色，但核心价值观构成离不开"师从自然、领悟经典、专业境界与素养和胸怀乾坤"四个方面。

（1）师从自然

风景园林专业比较推崇"道法自然"的学习原则，文字出自道德经，分开说可以表达为"道、法、自然"，在百度百科上可以查到很多解释。广义上是对天地人和生命运行规律的概述，狭义上则代表分析自然界生命运行的规律、尊重生态环境基础上，研究城乡可持续发展的学科目标，这也是生态人居学科的共性原则。

（2）领悟经典

城市景观空间是人类文明发展历史长河中最伟大的成就，今天之前的所有成就在风景园林学中均可以称之为"自然与人文遗产"，无数列入和没列入教材的"经典城市、经典园林作品、经典理论著作、经典人物大师"，为专业发展提供了持续的源源不竭的动力资源，非常值得我们反复的学习、琢磨和领悟，并激励我们努力亲身实践，"用作品说话"。

（3）专业境界与素养

景观是"文艺"的，"绿树荫浓夏日长，楼台倒影入池塘"这类诗歌佳句、风情水彩、油画、艺术雕塑、室内摆件等举不胜举，随着专业认识站位的不断提高，在文艺的"浸泡"下，从业人员往往不自觉地与品茗、咖啡飘香的氛围融为一体，进入到诗情画意的境界之中，艺术气质逐步形成。

（4）胸怀乾坤

"乾坤即天地"，风景园林学研究领域"师道自然、纵情于山水，胸怀大江大河、宽广于天地之间"，学习本专业对人生格局影响巨大。其专业发展的每一个历史阶段，每一个经典作品、每一个理论诞生、每一个景观大师的创作过程都与某个国家兴衰、社会变迁、皇家权贵的家族沉浮密切相关，在国家倡导生态文明、强化生态安全的今天，更应该站在国家发展的大局下"参悟天地、内敛乾坤、关注国计民生"。

以上这四个方面是专业发展的基本出发点，构成专业价值观的核心基础。

1.2.2 确定培养目标

主要包含"气质、意识、能力"三类目标。

（1）艺术气质

正如专业价值观所述，通过专业课程学习及有意识的课程与学生活动设置，在获得专业基础知识的同时，艺术气质逐步形成，使学生成为"具有技术能力兼具艺术气质的卓越景观师"，并将此列为重要的培养目标。

（2）家国情怀意识

中国传统知识分子所秉承的"修身、齐家、治国、平天下"的思想根基，在哈尔滨工业大学风景园林专业中与"扎根东北、爱国奉献、艰苦创业的800壮士精神"高度契合，在中华传统文化的坐标中演化为"根植黑土、美丽中国"这一具有专业特色的家国情怀。

（3）尺度、技术、学习意识与能力培养

之所以把尺度意识放在比较重要的位置，是因为风景园林学科具有尺度层级和内容覆盖性比较大的特点，努力通过专业培养，使学生清晰地理解城市景观、公共空间、国土空间三大层级逐次递进的专业领域，以及培养生态基础设施规划、绿色城市技术、景观工程设计等复合能力，相应地建立起来技术能力和持续学习的能力。

1.2.3 资源发展平台

本专业学科发展资源同时包含教学平台资源和空间发展资源两大方面。

（1）人居环境学科群平台

哈尔滨工业大学人居环境学科群始于1920年，以大土木为基础，建筑学为龙头，陆续发展吸纳了城乡规划、风景园林、建筑环境与能源应用工程、环境设计、数字媒体艺术和数字媒体技术共7个专业，2020年为适应本科教学需要启动了"基层教学组织改革计划"，将全院本科教研室整合为基础、交叉、专业三类教研室，力图打通专业基础教育以及交叉学科教育两个方面的课程体系，建立起各专业发展与互通的巨大学科资源群。

（2）哈尔滨城市文脉与哈尔滨工业大学氛围

特定的历史条件、特定的地理位置使哈尔滨在短期内崛起为一个欧陆风情浓郁、产业结构独特、文化发展多元的城市，诞生于哈尔滨的哈尔滨工业大学成立伊始就兼具了国际化的成长基础，在不断发展壮大的过程中，形成了"产学共融"的独特模式，在建校100周年的贺信中，习近平总书记指出：哈尔滨工业大学"扎根东北、爱国奉献、艰苦创业，打造了一大批国之重器，培养了一大批杰出人才"，精准诠释了哈尔滨工业大学的国家定位与精神文化的基础，哈尔滨工业大学塑造了独特的、以工科为强项，创新争先为荣、大国脊梁的名校氛围，与所在城市构成多元互补的人才成长空间，课程设置中也努力将学校及周边空间作为一个实验教学基地，另一方面又促进了人居环境学科群的地域性特色（图1-2）。

图 1-2　哈尔滨城市文脉与哈尔滨工业大学氛围

1.2.4　执行方法

在学科发展四条主线下，顺应《哈尔滨工业大学一流本科教育提升行动计划2025》提出的"研究生杰出人才培养计划、本硕一体的人才培养模式、持续完善分类拔尖和个性化人才成长环境"等一系列人才目标培养要求。

本专业培养的支撑方法由课程培养计划和教学方法两个方面构成。

（1）新工科背景下的卓越景观师课程培养计划

即将执行的2020版本科课程培养计划，以"大学分＋课程模块＋课程链长"模式，按国家教育部新工科培养要求，在国土空间生态规划需求领域内，全力制定人才与课程打通的培养体系，涵盖与建筑学、城乡规划共享、交叉，又兼具专业特色的课程培养计划。

（2）教师与学长的言传身教

任何培养体系都要与具体的执行方式相结合，教师与学长的言传身教，作为与学生密切接触的"执行人"至关重要。本次核心理念提出，加强师资队伍建设，从科研、教学、青年人才培养等方面入手，努力打造一批"金牌教师、金牌课程、金牌科研项目、金牌作品和金牌毕业生"代表成果系列。

1.2.5　人才发展定位

以习总书记贺信精神的嘱托为导向，结合专业发展的时代背景与领域要求，本研究通过"五层级＋四主线"的培养体系，努力建设培育具有家国情怀、追求专业素养、站位学科前沿、引领未来的学术大师和工程巨匠的"卓越景观师"。落实到专业人才发展定位中表述为："吾之卓越、国之风景"，语义包含卓越人才成长中，自身杰出和努力的工作成果都是美丽中国独特风景的双重涵义。

HIT-LA

卓越风景线

哈尔滨工业大学风景园林专业本科学习指南

本科培养计划
Undergraduate Training Plan

第 ② 章

2.1 哈尔滨工业大学建筑学院人居环境学科群专业关系概述

Introduction to Human Settlement and Environment Disciplines of the School of Architecture of Harbin Institute of Technology

邵郁　董宇　李同予

　　哈尔滨工业大学风景园林专业是建筑学院一级学科群的重要成员，20世纪80年代孕育于建筑学科、发展于城乡规划学科，秉承学校百年办学底蕴与传统优势，依托大土木建筑学科群优势，以"厚基础、强实践、重能力、求创新"为办学特色，着力培养具备扎实的自然科学、人文社会和专业领域理论知识，具备综合运用多元知识解决复杂风景园林领域问题的工程实践能力，具备宽广的国际视野，能够在风景园林及相关领域展现卓越能力与素养的创新人才。

　　哈尔滨工业大学建筑学院始于1920年，其建筑学科是我国最早建立的土木建筑学科之一，与清华大学建筑学院等八所国内著名建筑院校齐名，共称为"老八所"建筑院校，历经近百年风雨砥砺，成为国内同类院校中专业设置最全、人才培养质量最高的高等教育与科研机构之一。学院设建筑学、城乡规划、风景园林、建筑环境与能源应用工程、环境设计、数字媒体艺术和数字媒体技术共7个本科专业、2个交叉学科方向、5个博士学位授权点和4个博士后科研流动站，是国内同类院校中历史积淀深厚、专业设置齐全的专业教学与科研机构之一（图2-1）。

　　哈尔滨工业大学风景园林专业面向人居环境高质量发展的国家需求和科学技术发展态势，秉承建筑学院"交叉融合、顶天立地"的发展战略，依托建筑学院多学科交叉教学平台，以及工信部重点实验室、文旅部重点实验室等组成的大人居环境科研平台，积极推动学科交叉融合，打造哈尔滨工业大学特色的"卓越景观师定制"体系，培养面向21世纪合格的跨学科创新拔尖人才（图2-2）。

图2-1　哈尔滨工业大学建筑学院人居环境学科群专业示意图

图2-2　哈尔滨工业大学建筑学院人居环境学科群学科发展示意图

2.2 2016/2020版本科培养计划演变概述

Overview for the Evolution of 2016/2020 Training Plan

刘扬

　　国际新型高等教育理念不断要求实现通识与专业、课堂与实践、传统与现代、校园与企业、国内与国际、过程与目标的整合。这一理念下的"新工科"建设核心目标就是培养学生的持续工程科技创新能力，能够专业精深、学科融汇、具备优良的人文素养、引领行业未来发展。基于上述背景，哈尔滨工业大学不断在大类建设、学科交叉等层面实施改革，同时要求各专业在新版培养方案中以大类平台为基础，明确专业培养目标，优化课程体系，精简学分，强化学生素质和能力的达成。

2.2.1　哈尔滨工业大学风景园林专业特征和人才培养思路

（1）哈尔滨工业大学风景园林专业特征和新的定位

哈尔滨工业大学风景园林专业的本科教学始自2009年，最早将景观视为回应复杂系统问题的生态规划设计途径，也为景观系后续教学发展确立了方向。2012版培养方案在早期构想的基础上将"哲学思想、艺术思维、设计能力、科学方法"作为人才培养的四个层面，进而通过"设计基础、工程基础、基础综合、专业技术、自然生态、人文生态、复杂系统综合、业务实践、毕设综合"9个板块的阶段性学习，尽可能兼顾专业对各类知识和能力的要求。当然，在后续的实践中，课程数量多，所学知识庞杂，理论课程繁复，设计创作和实践教学有待加强等问题也逐渐成为师生共识。

教学改革永远在路上。推动本阶段培养方案调整的动因，一方面来自前文所述基于国际新型教育理念的"新工科"专业建设需求，另一方面则源自学校大类招生、专业分流政策的执行。大类建设有助于学科交叉和提升整体分数线，但也加剧了专业间的竞争，这一变化对身处"工科强校"的哈尔滨工业大学风景园林专业带来剧烈冲击。从2016年开始与城乡规划共建"规划大类"，到2019年春季并入横跨建筑、土木、交通三个学院的"智慧人居环境与智能交通"大类平台，风景园林专业必须凝聚主线，拓展包容，才能在规划设计领域获得广阔的发展空间。因此，在新版本科培养方案的修订过程中，哈尔滨工业大学风景园林专业结合国家部委调整方向，将办学定位进一步明晰为"以空间规划设计为主体，以生态可持续为内核，以人文技艺创新为支撑，依托建筑学院人居环境学科群，营造专业标准，开放合作，博雅融通的'卓越景观师'培养平台"。

（2）以设计为核心的三线索构想

风景园林专业人才培养必须遵循《高等学校风景园林本科指导性专业规范》对素质、知识和能力的专业要求，同时也需要接轨《国际工程教育认证体系》中的本科培养目标。而在"新工科"建设和国家生态文明建设中，需要未来的"卓越景观师"通过空间规划设计的创新来塑造生态、社会和文化环境。因此规划设计是主体，风景园林本科教学必须首先培养优秀的设计者。而优秀的设计者本质上也必须是优秀的设计思考者，也就是善于对不断变化的复杂环境进行批判性的思考，借助理论和技术研究问题的本质和设计的可能性。

基于上述思考和精简学分的需要，原方案中的"四个层面"划分，在新的"卓越景观师"培养思路中可以被更清晰地重新解读为以设计研究为主线，以理论和技术为支撑的三线索体系。总体上看，这一新的框架也最能够充分涵盖"专业要求"和"培养目标"在各自体系下的指标点描述。

（3）持续渐进的专业学习过程

规划设计的学习需要在广度和深度上不断推进，才能渐成方向，实现创新。"卓越景观师培养"也必须经过"专业基础、专业成长、专业发展"3个阶段，渐进达成。不论在何种阶段，"设计研究"都位于专业教学的核心，同时也需要"认知思辨"和"技术拓展"两条线索的交错支撑。

2019年"智慧人居环境与智能交通"大类招生改变了学院五年制规划设计专业的教学节奏。学生需要经过一年级秋季的大类平台学习才能进入具体院系，这0.5学年的主要目标是强化数理基础和进行跨专业认知。这也意味着专业学习与过去相比整体上延后0.5学年。具体而言，风景园林正式的"专业基础阶段"将从一年级春季学期开始，目标是建立专业知识、能力和素质基础，不仅要完成基本设计方法的教学，还要快速介入专业技术的学习。"专业成长阶段"主要跨越2~4学年，目标是通过理论学习形成认知思辨能力，通过类型实践形成设计方法体系，通过实习实践提升技术应用能力。"专业发展阶段"的目标是推动学生实现未来的可持续成长，通过最后1学年的实习和毕业设计反思自身特点，明确发展方向。

2.2.2 服务于卓越景观师培养的本科专业课程体系优化

内外环境因素的不断变化，使得专业课程体系必须在"设计、理论、技术"三条线索、在专业学习各阶段不断优化调整，以适应新趋势下哈尔滨工业大学卓越景观师人才培养构想，而这个过程实际上从2016年一直延续到了2019年，课程体系也在2019年秋季稳定下来。

（1）围绕"设计研究"的专业主线凝聚

"设计研究"是专业核心能力的体现，也是人才培养的主线，不仅需要足够的广度，去触及跨类型、跨领域的规划设计问题；同时也需要相应的深度，帮助学生渐成方向，探索前沿。这个过程需要经历"方法引导""类型实践""专题深入"三个阶段。而大类招生使得2019年秋季原有9.5学分的设计基础被创意设计（由建筑、景观、艺术、数媒联合开设的专业认知课）所取代，这样风景园林的设计教学只能从一年级春季学期开始。

设计基础教学的核心早已不是传统的制图和美术训练，而是空间设计方法的学习和设计思维逻辑的建立。"景观"概念下的设计基础应该由感知思维、空间建构和场所营造三个层面的训练来达成，但从目前所依托的建筑设计和造型艺术内容来看，任务和操作模式都趋于传统，难以充分支持二年级的专业设计学习。景观系一直希望建立自己的景观设计基础课程，突破建筑空间局限，进而借助音乐、文字、影像等媒介为学生建立"大景观"设计思维。从跨学科视角出发，这对于所有规划设计专业学生的发展都是一种助力。我们希望这样的设想有机会实现。

在建立基础之后需要扩展设计研究的广度，让学生经历一个类型覆盖和尺度跨越的积累过程。与专业要求和工程认证相适应，由10门课程组成的5个规划设计教学模块被设置在二年级春季至四年级春季的专业成长阶段，分别为"景观建筑与庭园设计""场地与种植设计""生态基础设施规划""城市空间设计""国土空间规划"。连续5个长学期的设计训练在类型、尺度和方法层面都形成了相对完整体系化教学。这10门设计课也是学生在二至四年级去展现真实能力、参加竞赛和争夺学分绩的核心课程。学生正是在这个过程中不断累积设计经验，明晰自身特点，探索发展路径。

目前这10门核心设计课仍然需要不断建设和完善，其中一些较为共性的问题也值得在此简单讨论。比如景观建筑与庭园设计如何更好实现承前启后的关键作用；种植设计如何在形色配置的基础上，更多触及空间建构、生态功能和种群关系问题；新增加的文化遗产设计该如何定位和侧重；在规划理论和建筑训练不足的条件下，景观系的城市设计教学如何切入展开；超大尺度空间规划课程也亟需相关政府机构的数据和专家支持。

在"专题深入"阶段，通过国际暑期学校和开放式研究型景观设计，学生可以根据兴趣充分自主选择和参与项目，进行跨专业合作，这些经历对他们未来的专业发展影响深远。最后一年的实习和毕业设计也为学生提供了在特定方向深入实践的平台。

（2）促进"认知思辨"的理论课程优化

理论课的价值是实现对专业问题的认知思辨。支撑风景园林专业认知思辨的理论课可以分为设计理论、自然生态、社会文化三部分，相应课程根据设计研究的不同阶段和模块逐渐展开，力求在教学内容和开课时间上紧密协同。

在专业学习后置和减少学分的压力下，理论课从原来的20余门减少至11门。其中环境伦理、环境生态原理、资源学、游憩学、数字导论的主要内容被整合进入相关理论或设计课程的一部分，其余包括城乡规划概论、景观概论、建筑设计原理、城市工程、水文地质、交通工程、城市经济等直接放入选修课名单，不再作为必修课程开设。

这样在设计理论层面，现代景观思想、景观调研、景观规划设计原理、城市设计概论和生态基础设施规划原理分别在2~4学年，支撑起不同尺度和阶段景观规划设计的理论和方法教学。在自然生态层面，仅有二年级的景观植物学及其应用原理，和三年级的景观生态原理两门必修课。从目前的教学实践看，与设计实践相关的植被群落、植物生态修复等内容需要逐渐在这两门课程中得到补充。在社会文化层面，中外建筑史和中外古代景观史不可或缺；能够直接引导三年级的设计创作；景观社会学则与四年级的复杂城市空间设计相配合，培养学生的社会学视角和批判思维能力。从反馈来看，学生普遍排斥冗长无趣的理论教学，同时也要求理论教学能够真正助力不同阶段的设计任务。

（3）实现"技术拓展"的平台资源支撑

技术本身是一个比较宽泛的概念，空间规划设计对技术的需求至少包括了地理设计技术、工程营造技术、表现表达技术这 3 个板块的内容。

对地理设计技术的需求从低年级的基础课就开始了，学生通过简单自学软件就可以解决。高年级专业课所需要的地理信息系统、数字设计、环境模拟与分析等内容均设有专门的必修课程。学生还可以利用选修课学习算法与设计、参数化、统计分析、大数据规划、Python 等内容。工程营造技术主要由景观工程技术和景观实务实习课承担，另外，植物实习、考察实习也同样提供项目现场的技术观摩学习。除此之外，包括木结构技术、工程地质与水文地质、建筑新材料、统计分析等选修课程也为学生提供了非常丰富的学习选择。在表现表达技术层面，绘画实习、表现实习、快速设计培训承担设计表现技能的教学，而学生沟通表达技能则可以在各种国际联合设计、评图节、专业调研以及学院讲标大赛中得到充分锻炼。

（4）从"实践－反馈"到"再实践－再反馈"

在 2012 版培养方案的执行过程中，景观系就持续关注学生的专业学习状况和教学评价。在新版方案的修订过程中，很多高年级同学结合自身感受，从课程体系到教学细节，都积极提出了各种建议，其中一些非常诚恳也极为尖锐。这些感受和思考，也直接影响了后续的课程优化重组。

从 2016 年冬季将学分从五年制 228.5 学分降至 214 学分，到 2017、2018 两年的过渡和微调，再到 2019 年春季跨学院大类招生影响下的再调整，这个艰难的过程中，新版方案实际上又经历了一次过渡期的"实践－反馈"。从 2016 级和 2017 级的执行情况看，一方面，精简理论课，精确定位各门设计课的角色和内容使学生的专业学习目标更清晰，动力更强；技术类课程和选修课资源的更新、扩充有效提升了学生的获得感和专业能力；学院支持下的系列国际化课程和夏季短学期实习实践课程也为学生提供了更好的视野和学习体验。但在另一方面，部分核心设计课的教学和评价方式仍需更新，特别是高年级设计课的学生获得感有待提升，同时夏季短学期实习实践课程也需要开展更多的跨专业合作，以及更多依托实践项目的技术学习与应用。

2.2.3　今天的挑战和未来的发展

重新思考专业定位和本科课程体系是为了不断发展和应对挑战。大类招生和入学后基于学生意愿的专业分流，使得学校内部专业竞争白热化，众多专业的生源数量和质量出现剧烈波动。正是在这样的背景下，景观系才必须重新审视专业定位，立足现有优势资源，围绕专业教学的核心线索，建立开放融通的本科课程体系。一方面不断充实资源，提供机会，鼓励学生进行跨专业选修和设计项目合作；一方面不断精简优化，提升课程特色和质量，吸引校内转专业和跨专业选修。未来哈尔滨工业大学风景园林专业本科学分仍将进一步减少，同时，随着学校专业交叉、大类培养和完全学分制政策的逐渐落地，每一门课程、每一位教师将面临更高标准的考验。

当然，挑战和机遇并存。风景园林专业需要不断审视自身，凝聚共识，扩展价值。哈尔滨工业大学风景园林专业更将作为建筑学院一级学科群的成员，借助自身完善的师资力量，立足工科，砥砺前行。

2.3 原理课、基础理论课与规划设计课课程链体系

Curriculum Chain System of the Courses for the Principles, Basic Theories and Planning and Design

吴远翔

2.3.1 本科理论课课程体系关系图

根据高等学校风景园林学科专业指导委员会发布的《高等学校风景园林本科指导性专业规范（2013年版）》，风景园林专业本科培养的知识结构包括自然科学知识、人文社会科学知识和专业知识3个版块。

（1）自然科学知识

具有较好的生态学、生物学、地理学、气候学、水文学等方面的基础知识。其中的地理学、气候学、水文学等方面的知识分布在课程设计与专业理论课中进行讲授，与风景园林关系最为密切的生态学、植物学知识则专门开设了景观生态原理、生态基础设施规划原理、景观植物学及其应用原理3门理论课。

（2）人文社会科学知识

具有哲学、社会学、文学、美学与艺术、环境行为与心理学等方面的基础知识。开设了关于城市发展方向的城市设计概论，关于社会发展方向的景观社会学2门课程。

（3）专业知识

掌握风景园林规划与设计、风景园林建筑设计、风景园林植物应用和风景园林工程与管理的基本理论和方法；掌握风景园林表现技法；熟悉风景园林遗产保护与管理、

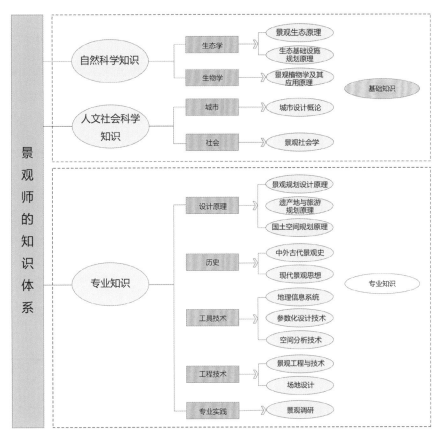

图2-3　哈尔滨工业大学风景园林专业知识版块构成

生态修复基本理论和方法；熟悉风景园林相关政策法规和技术规范；了解风景园林施工与组织管理；了解风景园林研究和相关学科的基础知识。本版块内开设的课程包括景观规划设计原理等3门设计原理类课程，中外古代景观史等2门历史类课程，地理信息系统等3门工具技术类课程，景观工程与技术等2门工程技术类课程，和专业实践类的景观调研课程。

　　通过一系列理论类课程的学习，使得学生掌握风景园林学科核心必备的知识与理论，了解学科发展的前沿动态，为毕业后作为执业景观师工作，或者进一步学习深造打下良好的基础。

2.3.2　原理类课程与设计类课程的衔接关系

　　风景园林本科教学中二至四年级的6大设计训练模块（从景观建筑设计1到景观规划设计4）是培养学生作为执业景观师的核心教学模块。每一个设计模块背后都有若干原理课和理论课作为理论支撑和方法指导，其中原理课与设计模块的对应支撑关系见图2-4。景观建筑、工程技术和场地设计作为贯穿多个设计模块的训练内容，在不同的设计模块中也有着不同的教学要求和训练侧重点。

（1）景观规划设计原理

课程通过对滨水景观、文化景观等6类专项景观的原理与方法的介绍；以及规划设计中场地设计、园区规划、生态公园、城市绿地系统等4类重要景观类型设计原理的阐述，让学生掌握景观学科的基本理论，了解景观国内外发展趋势、景观和景观发展的基本规律、景观的新理论、新方法及发展趋势。

（2）景观植物学及其应用原理

课程以植物为主线，系统介绍植物学的基本理论与植物景观设计方法。课程目标是培养其辨识常用景观植物、理解植物形态结构与功能的关系，培养其在具体项目实践中合理选用植物材料的分析和研究能力，以及运用所学知识分析、解决与植物学相关问题的能力。

（3）生态基础设施规划原理

引导学生掌握生态学和城镇化方面的知识，通过规划设计控制城市空间无序增长，促进土地高效利用，维护城市生态安全；立足城乡空间的统筹发展，科学构建城市生态空间体系，制定空间管控政策与实施管理机制。

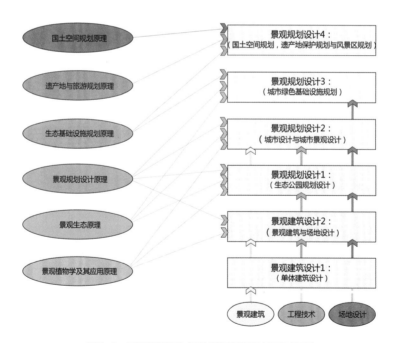

图2-4 原理类课程与设计类课程衔接关系示意图

2.3.3 生态技术链教学体系

根据在风景园林教学中应用尺度、针对问题和教学方式的不同，将景观生态技术分为生态建造技术、生态管控技术和生态数字技术3类（图2-5）。

　　生态建造技术是指从生态和可持续发展的角度出发，在景观的设计、实施和管理中采取更加环保、低碳、节能的建造手段与方法的总称。

　　生态管控技术是指为达到某一生态改造目标或解决一个生态问题，而采取对生态系统有针对性的进行干预、调节、管理或控制的技术手段。

　　生态数字技术是指在景观规划与设计中依托计算机来完成的生态调研、生态分析、生态表达等多种辅助设计的数字技术的总称。

图2-5　景观生态技术链教学体系示意图

2.4　实习、实训设计竞赛类课程简介

Introduction to Internship, Practical Training and Design Competition Courses

曲广滨

　　哈尔滨工业大学风景园林专业本科培养计划中的实习实训体系，牢牢把握以工程实践项目为导向，以实践能力提升为目标，通过双师型教师队伍的打造、"产、学、研、用"

一体化的教学模块设计、实验实践基地建设三位一体的教学组织，达成实习实训目的。

实习实训课程的4个模块，根据五年制培养年限的要求，分别设置在4个学年的夏季学期进行。包括一学年的城市景观基础认知模块（后文简称模块一）、二学年的植物基础认知模块（后文简称模块二）、三学年的景观实务及生态实验模块（后文简称模块三）、四学年的开放专题模块（后文简称模块四）。

模块一以对城市实质环境的客观观察为切入点，利用前期课程的基础训练成果为记录手段，形成客观的城市景观描述，并在后期进行相应的分析探讨，完成对城市景观的客观认知和主观评价。

模块二以前期植物相关理论课程为基础，以城市公园绿地、城市广场绿地、城市住区绿地等典型城市绿地为例，实地讲授景观植物的形态、生物学特征和观赏特性，从而提高学生识别园林植物的能力。

模块三包括景观实务实习和生态实验两个部分。景观实务实习训练学生关于景观施工图设计的基本知识，对真实的三维空间在客观记录的前提下能进行施工图工艺设计的能力。生态实验通过了解实习场地生态类型、土壤环境状况，掌握植物种群、物种与环境的关系，掌握物种调查方法，运用场地样品采集方法进行采样，在实验室对大气、地表水、土壤的化学指标进行检测及分析，并完成场地生态现状分析报告。

模块四以国际化合作交流、前沿课题研究与多形式联合设计为实习实训主要方式。课程以国家"卓越工程师教育培养计划"项目为依托，遵循"行业指导、校企合作、分类实施、形式多样"的原则进行内容设置，通过与已建立的专业知识实践学习平台的互动，提升学生的综合能力。

2.5 校企合作培养模式

School-Enterprise Cooperation Training Model

余洋

2.5.1 培养模式

校企合作培养模式旨在通过学校与企业的联合，培养和提升学生从实际出发处理风景园林实践问题的能力。在设计企业和高等学校"产学研"深度融合的过程中，实现科技、产业和教育之间的无缝衔接。校企合作中的企业导师模式、项目实践模式和"产学研"一体化模式等，突破了校企界限，整合各自优势，形成校企功能互补、良性互动的协同创新的新格局。

2.5.2　培养任务

　　探索将风景园林专业"单核心"的培养主体拓展为新型的"高等学校＋社会机构"互动协助的"双主体"结构；构建高校与社会机构（科研院所、规划设计机构等）全周期融合视角的实践教学平台，并依托这一平台重构"开放设计"实践教学课程。校企合作可以整合内外资源，打造由企业联合指导教师和院内具备工程背景的专业教师组成的、高水平"教师＋景观师"双师型教学团队，通过渐进式的实践环节，形成全链条的实践课程体系。

2.5.3　授课内容

　　校企合作依托本科基础课程、毕业设计等教学环节进行，院校导师和企业导师共同带领学生完成真实的工程项目实践，以街道景观设计为例，具体授课内容为：第一阶段，完成场地实地调研，熟悉任务书要求，收集和分析场地资料，企业导师带来基于实践经验的专业讲座；第二阶段，进行设计构思，完成景观规划的概念方案、重点地段或片区的详细景观设计方案，在设计和汇报过程中，校企导师针对每个人的设计方案，给出指导意见；第三阶段，分组进行毕业答辩及校企联合培养的成果展览。

2.5.4　课程作用

　　校企联合培养模式为企业导师深度参与本科教学提供了重要的实践教学环节，是工程实践经验与本科基础教育高度融合的重要过程。在工程实践的教学过程中，学生认知、分析和解决工程实践的能力得到了极大的提升，是帮助学生深化学习专业知识、提升综合实践能力的重要途径，也是拓展学生视野，更好地融入社会实践的重要手段。

2.5.5　合作企业举例

　　校企合作的易兰规划设计院是一家综合性工程设计机构，具有中国城乡规划甲级资质、建筑工程甲级资质和风景园林甲级资质，是国家高新技术企业并获得了ISO9001质量管理体系认证证书。主要从事城市规划、建筑设计、旅游规划及景观设计等专业服务，擅长城市中心区规划、大型旅游度假区以及高端住宅区等类型项目的设计工作。易兰规划设计院拥有数百位来自北美、欧洲、东南亚及中国本土的设计师。作为一支国际化的设计团队，易兰规划设计院凭借开阔的国际视野、高水平的技术能力以及丰富的国际项目实践经验，使设计作品充满了活力与创意，其落地作品曾获得逾百个国际国内奖项。

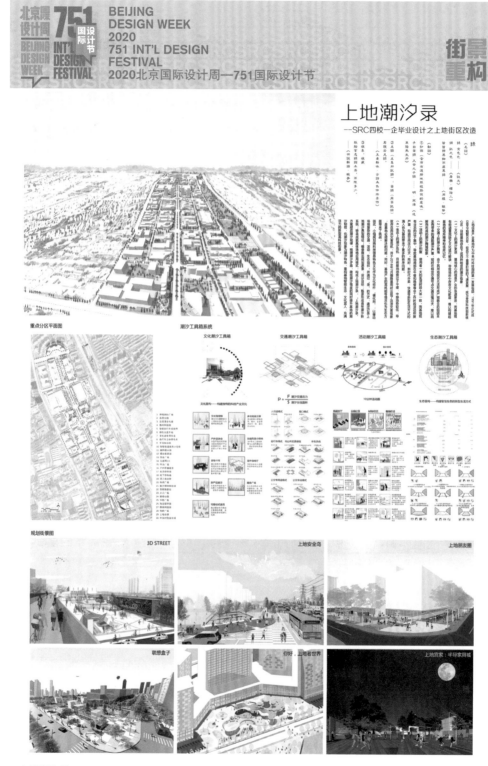

▲ 上地潮汐录

学生姓名：余畅　黄思铭　何曦　郭佳瑞　罗朝群　张持

未来城市学院　街道景观设计 01
通州商务区街景设计

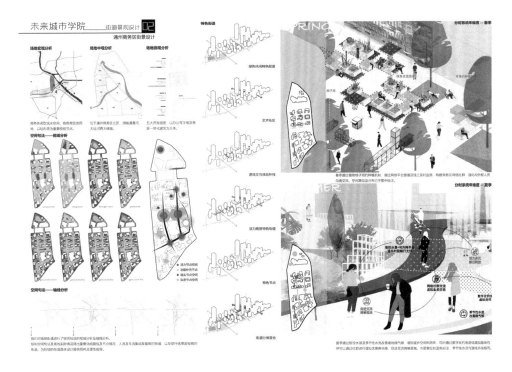

▲ 未来城市学院 | 概念鸟瞰
学生姓名：孟凡钰

未来城市学院　街道景观设计 02
通州商务区街景设计

▲ 未来城市学院 | 基地分析
学生姓名：孟凡钰

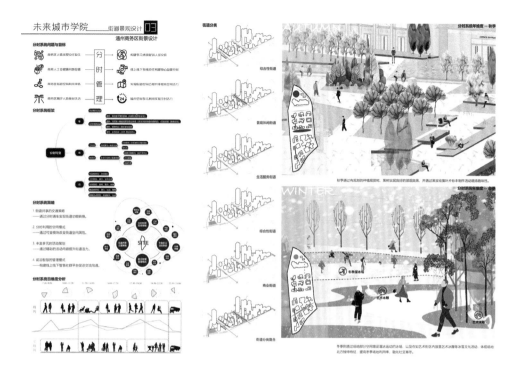

▲ 未来城市学院 | 分时系统推演
学生姓名：孟凡钰

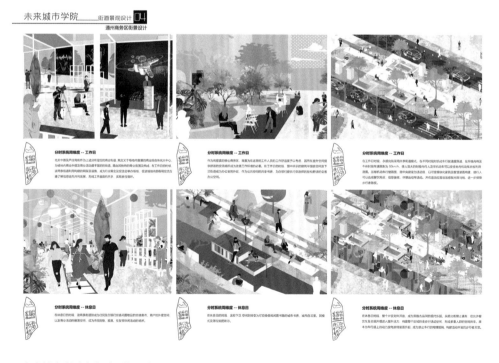

▲ 未来城市学院 | 分时系统设计
学生姓名：孟凡钰

▲ 未来城市学院 | 街景鸟瞰
学生姓名：孟凡钰

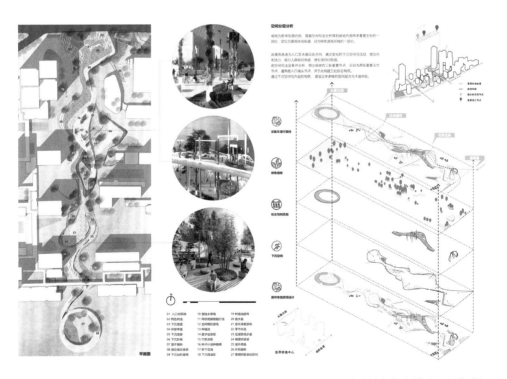

▲ 未来城市学院 | 街景设计与分析
学生姓名：孟凡钰

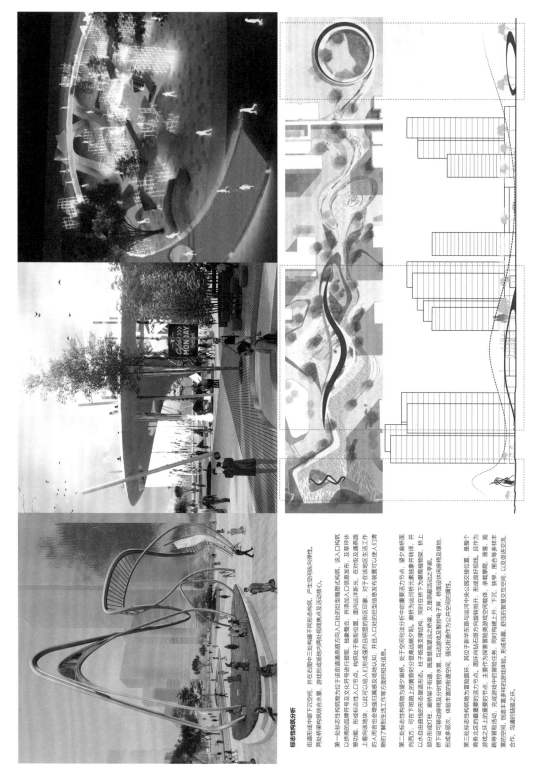

标志性构筑分析

街道形成中部下沉空间，并在ში面中三处构建不同形态系统，产生空间纵向弹性，两处桥梁构筑结合水景、游戏形成场地内两处相地焦点及活动核心。

第一处标志性构筑物为位于该街道燕路方向人口处的巨型隧道式构筑，入口构筑以乔构的品牌符号及文化符号进行提醒、抽象整合，并添加入口信息发布、又草坪休憩功能，形成标志性人口节点。构筑处于街道号头处，面向迎洋形光。以此点可以给人们形成强烈目明显的区位形象。对于在该地区生活工作上看的人而言也会增强对区域感及场地认知，并且人口处的巨型信息发布装置可以给人们清晰的了解到生活工作等方面的相关信息。

第二处标志性构筑物为望夕廊桥，处于空间创法分析中的重要活力点。望夕廊桥布面向西方，可在下班路上的黄昏时分暨近晚夕阳，廊桥为运河元素抽象并转译。并以水自由曲线的形态塑造形态，柱子既是支撑结构，又是朦胧远之桥梁。桥上的形态又性，廊桥架于街道，既是朦胧景观之水景，互动游戏及数字电子屏。桥面运形式入夕阳，形成多层次、体验丰富的街道空间。强化街道作为公共空间的属性。

第三处标志性构筑物为冒险圆环，其位于新华东路与运河中央公园交接位置，是整个商务街区的最重要的活力点。圆环向帖石活方向旋转抬升，形成废环状动线，且作为游戏之环上的最重要的节点。主要作为探索慢游运货游戏空间的载体，承载攀爬、滑梯、跑跳等游泳活动，完成游戏中的趣味性势，同时构建上升、下沉、旋峰、眺望的智慧交互空间，舒适的智慧交互空间，以及促进交流合作、沟通的链接之环。

▲ 未来城市学院 | 街景构筑设计
学生姓名：孟凡钰　薛博洋

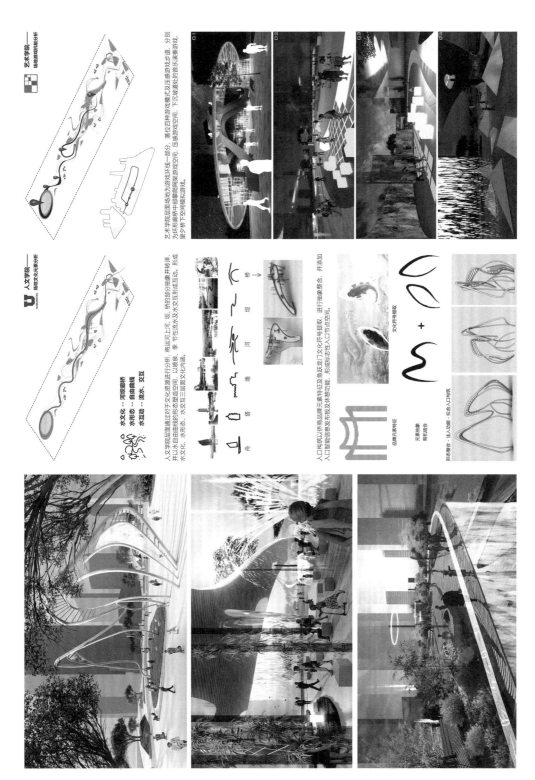

▲ 未来城市学院 | 概念与效果展示

学生姓名：孟凡钰

卓越风景线

HIT-LA

哈尔滨工业大学风景园林专业本科学习指南

本科课程大纲与作业参考

Undergraduate Course Outline and Assignment Reference

第 ③ 章

3.1 本科一年级优秀作业

Excellent Assignments for the 1st Grade

建筑设计基础
Fundamentals of Architectural Design

- 授课对象：风景园林专业一年级
- 作业题目：情景带入的空间建构
- 授课时长：80学时 +2K*

教学目标

1. 学习从语言表达到建筑表达的转换方法。

2. 学习更加复杂的设计发展过程，即两条发展线索之间的互动来推进设计：情景代入和建筑解析。

3. 学习从建筑环境来思考建筑的形体和空间的方法。

4. 学习单元空间的竖向组合方法，考虑如何通过错位、出挑等来创造有趣的室外空间。

5. 学习建构的工作方法，考虑如何通过建造的手段来实现建构构思，即从构思形式向建造形式的转换。

6. 进一步巩固和发展模型、作图的技能。

作业要求

1. 情景代入：选择一部文学或影视作品进行分析，从中总结出典型的情景化空间描写，并以此提出建筑设计的初步构思。

2. 建筑解析：根据初步构思，从空间、功能、场所和竖向组合等方面解析经典建筑案例。

3. 场地设计：通过实地考察在校园内选定200m²的场地作为基地，在基地内进行场地设计和建筑设计。基地必须至少有一侧临近校园道路。

4. 建筑设计：每个单元空间尺寸为6000mm×4000mm×3000mm；3个单元空间竖向组合为一个组合体，组合体可附加2～3个附加空间，附加空间总容积不超过6000mm×4000mm×3000mm，形状不限。

5. 功能设计：建筑功能不限，与大学校园生活相关。

---

* 注：授课时长中，K 指集中周。下同。

倾听 Listen To Me

故事

男孩却有点讨厌女孩

女孩对男孩一见钟情

在梧桐树荫被枚桐树荫孩却对女孩的示好视而不见

女孩喜欢对话在一棵高大的梧桐树上眺望远方

然而男孩却无视女孩的好意频频踢翻

送给邻居们的盆男孩

女孩在书架后看到了这一切并对男孩失望透顶

男孩不仅没有阻止凯友对女孩的欺嗤笑讽刺对和

男孩为了向女孩道歉在女孩的院子里为她种了一棵梧桐

男孩发觉了自己对女孩的感情，并对自己所做感到愧悔

最后两人相视笑了

终于女孩原谅了他

构思

男孩的虚伪像是一个黑色的封闭空间

女孩开朗善良的性格像是白色的板片

男孩也渐渐卸下了虚伪的负担

女孩理解包容着体谅着男孩

女孩终于融化了男孩，男孩也难得一见的打开开心墙

本作品的灵感来自于电影《怦然心动》。电影中一开始男主受其父亲影响，显得世故而冷酷顽固，而女主则活泼开朗并抱有一颗赤子之心。女主一开始便倾心于男主，但英俊的男主却对这份感情无动于衷。随着两者的相识、相遇、相知，女主渐渐用自己的人格魅力感染了男主。男主的心扉也渐渐敞开……本作品用体量沉重的黑色体块象征男主的死板，体量轻盈的白色板片像征女主的活泼，用体块与板片的咬合象征两者理解的过程，最后，圆形的心窗终于打开，成为了内外沟通与倾听的桥梁，打破了原本建筑的冷酷。

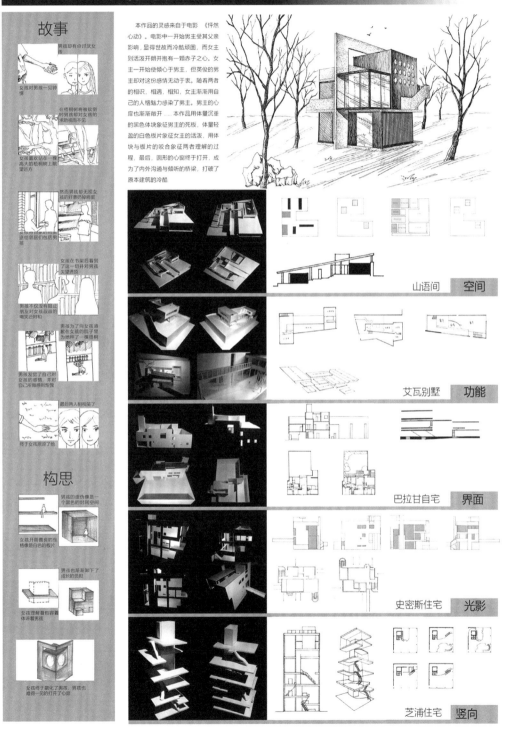

山语间	空间
艾瓦别墅	功能
巴拉甘自宅	界面
史密斯住宅	光影
芝浦住宅	竖向

▲ 倾听

学生姓名：程小倩　赵子昊　单雯溪

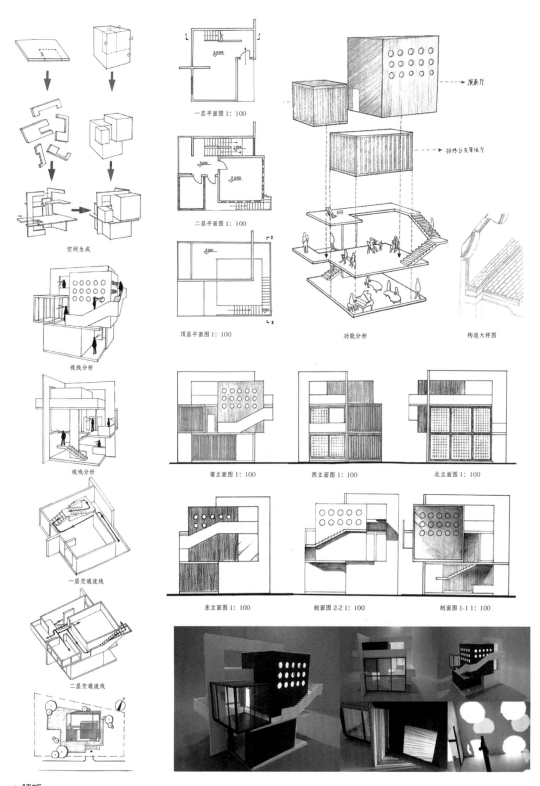

空间生成

一层平面图 1：100

二层平面图 1：100

顶层平面图 1：100

功能分析

构造大样图

→ 演奏厅

→ 排练区及等候厅

视线分析

视线分析

一层交通流线

二层交通流线

南立面图 1：100

西立面图 1：100

北立面图 1：100

东立面图 1：100

剖面图 2-2 1：100

剖面图 1-1 1：100

▲ 倾听

学生姓名：程小倩　赵子昊　单雯溪

邂逅特雷维

设计说明：通过分析与理解经典电影《罗马假日》，我们被浮生偷得半日闲"的魅力深深吸引。本方案旨在为使用者营造一种悠然自适，自得其乐的恬静氛围。本方案严格遵循板片生成的逻辑。屋檐刻意的过度悬挑，使建筑具有低调沉稳之感。建筑中标高丰富，各层错落有致，既有划分空间之用，又不失整体感。做到透而不通，步移景异的游览效果，让使用者身处其中能感受到内心释怀，余生漫长。

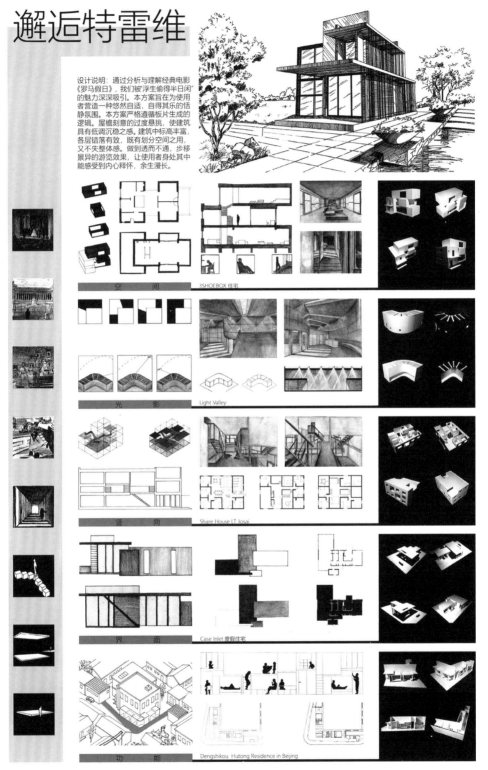

空　间　　3SHOEBOX 住宅

光　影　　Light Valley

竖　向　　Share House LT Josai

界　面　　Case Inlet 度假住宅

功　能　　Dengshikou Hutong Residence in Beijing

▲ 邂逅特雷维
学生姓名：顾健　马海东　路骐嘉

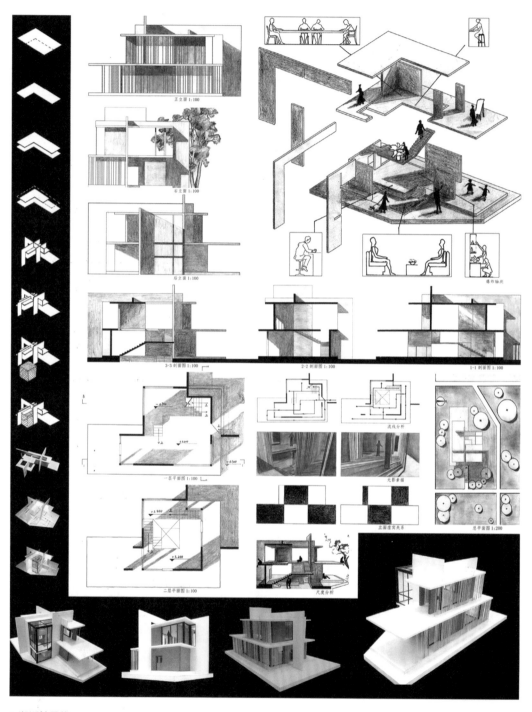

▲ 邂逅特雷维
学生姓名：顾健　马海东　路骐嘉

驻 & 渡

设计说明

跳过交界线的瞬间，前面是毫无遮挡的纯净的光，身后是一道不可逾越的屏障。

光的丢失是一扇门，哗的它就像打开了一个连接此世与彼岸的窗口。

"这里是记录室，我想这是你启程的理想场所。"

迷宫一样的书架，和在脚下延伸的闪现心像。

启程去哪里？

一个决定在她心里逐渐凝结地清晰。在穿越她摆渡自己之前，她先看她来到这里之前，它就已经存在了。

......

"这就是你的决定吗？"

"是的。"

她也不确定自己要找什么。她沉默地翻动着架子，一个又一个名字从眼前划过。直最后，她找到了自己的名字被划掉着地"在末尾——

那么，下一个名字，也是你独自要去的地方，你下一个要见到的人。......

- 《摆渡人》中主人公迪伦离开自己的摆渡人后，从孤独与悲痛中一个人踏入灵魂的记录室，她在寻找线索的过程中，作为一个灵魂审视了自己的动摇的心念加坚定了自己所渴求方向，最终决定为了自己的爱与信念重回荒原。而她也发现，在坚定自己对摆渡人的爱的同时，自己成为了自己接下来路途的摆渡人。
- 就像《摆渡人》故事的主人公一样，我们在生命的不同阶段中，在跨越变化的困难时，我们总会遇到摆渡人。而方案设计的主体使用者（大学生）作为校园中的后来者，不免需要他人的摆渡，抑或是渐渐发现自己可以作为自己的摆渡人。
- 方案提取了地伦的路途和心路世界中"穿插""孤立的层次""非真实"的特点入手，用建筑空间语言创造由地伦心路历程为次序线索的空间，希望体验者能在其中阅读自己，获得愉悦观想的阅读 / 交流 / 体验，将此地作为自身在校园中成长、接受摆渡、摆渡自己的精神上的驻足点。

空间 - 小正方体 Little Tesseract

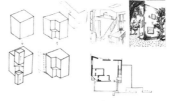

功能 - 巴拉干公寓 Casa Barragan

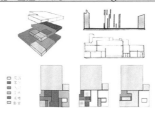

光影 - 小筱邸 Koshino House

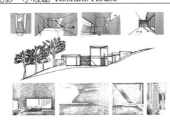

▲ 驻 & 渡
学生姓名：范嘉颐　关凯丹　蔡子昂

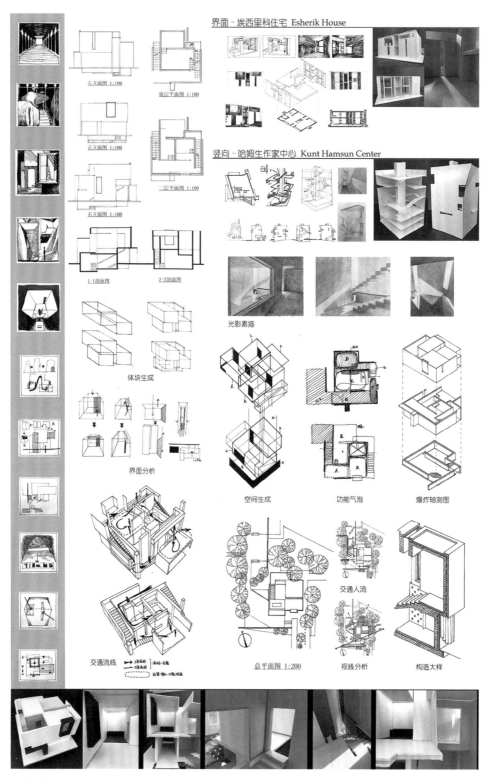

界面－埃西里科住宅 Esherik House

左立面图 1:100

底层平面图 1:100

正立面图 1:100

二层平面图 1:100

右立面图 1:100

1-1剖面图

2-2剖面图

竖向－哈姆生作家中心 Kunt Hamsun Center

光影素描

体块生成

界面分析

空间生成

功能气泡

爆炸轴测图

交通流线

总平面图 1:200

交通人流

视线分析

构造大样

▲ 驻＆渡

学生姓名：范嘉颐 关凯丹 蔡子昂

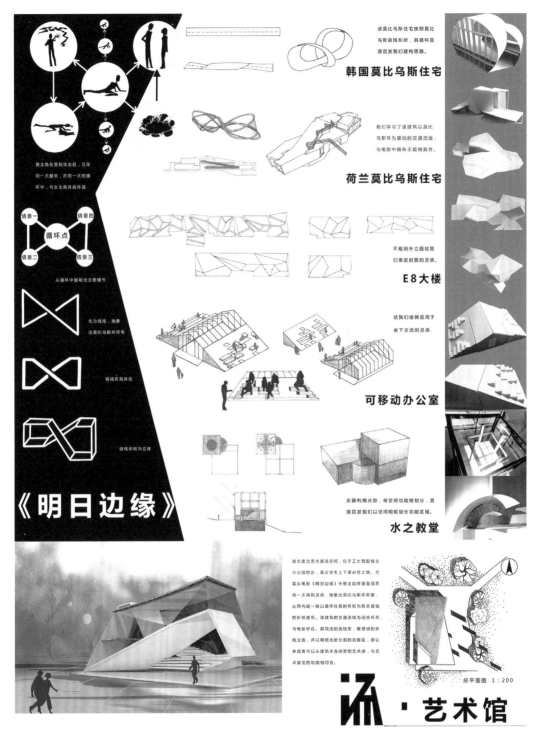

▲ 明日边缘

学生姓名：于丰瑜　李庆源　尹淙卉　韦秋娴

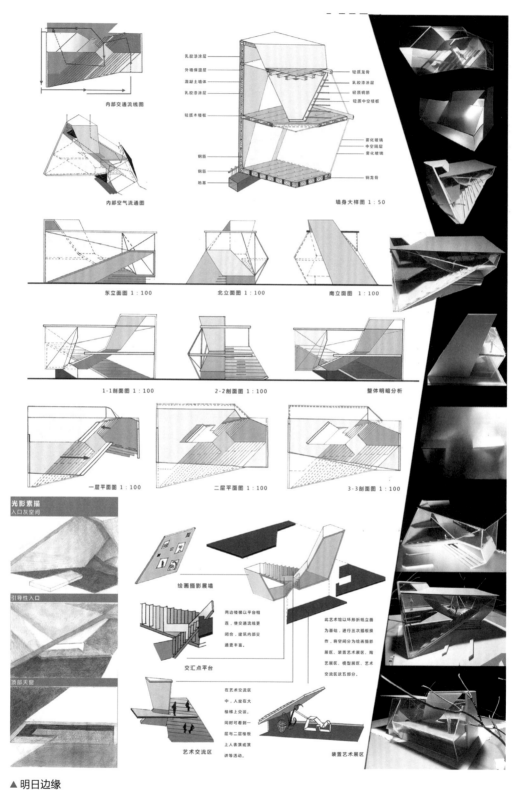

▲ 明日边缘

学生姓名：于丰瑜　李庆源　尹淙卉　韦秋娴

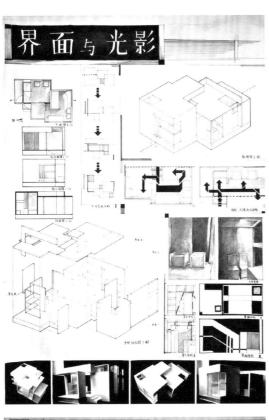

▲ 斜方屋
学生姓名：张宇祥（2018级）

◀ 界面与光影
学生姓名：范嘉颐（2016级）

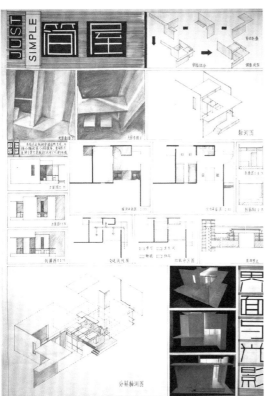

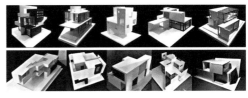

▲ 设计模型

◀ 简屋
学生姓名：付昊（2016级）

▲ 建造节·空间建构竞赛

3.2　本科二年级优秀作业

Excellent Assignments for the 2nd Grade

庭园设计
Garden Design

● 授课对象：风景园林专业二年级
● 授课时长：48学时

教学目标

1. 通过基于较小尺度庭园空间的的设计训练，初步了解景观的基本概念。

2. 建立景观设计观念与思维；了解景观设计相关理论，掌握庭园的基本设计方法，熟悉庭园设计的过程。

3. 培养从景观设计角度发现问题、分析问题、并尝试提出可行的解决问题方法的能力，尝试实验环节在设计过程中的介入途径。

作业要求

1. 设计题目：老旧居住区宅间庭院设计。

2. 设计主题：自拟。

3. 设计地段说明：设计地段占地面积约为2.1hm²，设计面积0.6hm²。选址为哈尔滨工业大学西苑社区内的宅间场地。地段西侧紧邻法院街，与西苑宾馆临路相望；北侧与哈尔滨工业大学幼儿园、体育馆相邻，之间由校园路分割；东侧为改建后的停车场；南侧为现状住宅（7层）。

景观设计内容与要求

1. 在已给定的设计地段中进行景观设计：在对场地进行踏勘基础上，修正场地的现状条件，完善设计地段现状图。

2. 在场地内居民（虚拟使用者）进行充分的访谈调研基础上，完成使用者需求的调研报告，形成使用者需求清单。

3. 根据设计者群体的讨论结果，补充使用者需求清单，形成最终的设计任务清单；根据任务清单进行景观设计及表达。

4. 景观设计时综合考虑景观与建筑的关系，营造出与之相匹配的环境氛围。

5. 设计区域软、硬景比例要协调。材料选择、色彩搭配以及细部处理都应根据北方寒地气候重点考虑；设计地段的冬季景观应予以设计控制。

6. 尝试结合人行入户道路、小品设施、入户门牌标识系统、灯光选型等进行专项设计。

7. 满足社区环境在安全性、便捷性、舒适性、公共性和私密性等方面的功能要求。

8. 根据各自对设计问题的整理进行针对性解决方案探讨。

课程教学方式

1. 使用者体验：分析使用人群行为特点和规律，明确场地的功能和使用需求，提出场地现状问题（每人至少访谈两组居民，并对访谈进行文字整理，整理出使用者需求的调研报告）。

2. 讨论、分享环节：运用多媒体的方式汇报案例分析和概念方案，课程参与人形成互动讨论。

3. 设计思维训练：强调设计解决问题的逻辑训练。通过调研分析，找到问题的关键，提出多个有针对性的解决方案，通过比较方案优劣，确定方案、深化方案这一过程，建立设计思维的基本过程。本课程从教学的内容和方法以及成绩评价两方面都强调这一过程的重要性。

4. 强化设计表达训练：设计过程、成果表达阶段的草图表达（手绘）、计算机辅助设计、分析性模型制作、讲解方案等能力训练是本课程的表达训练方面的重点。

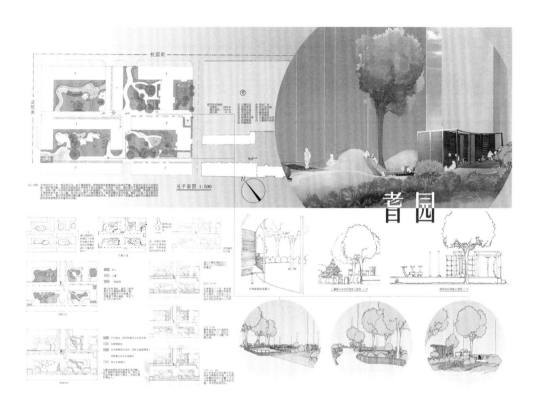

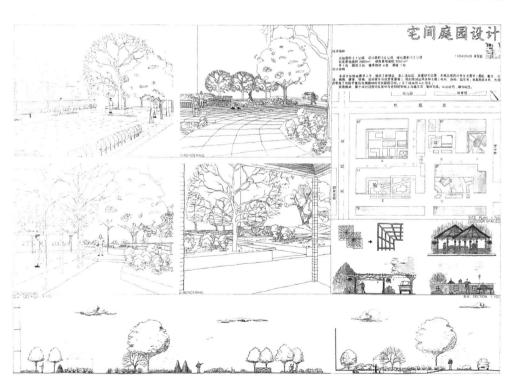

▲ 学生姓名：肖冠延

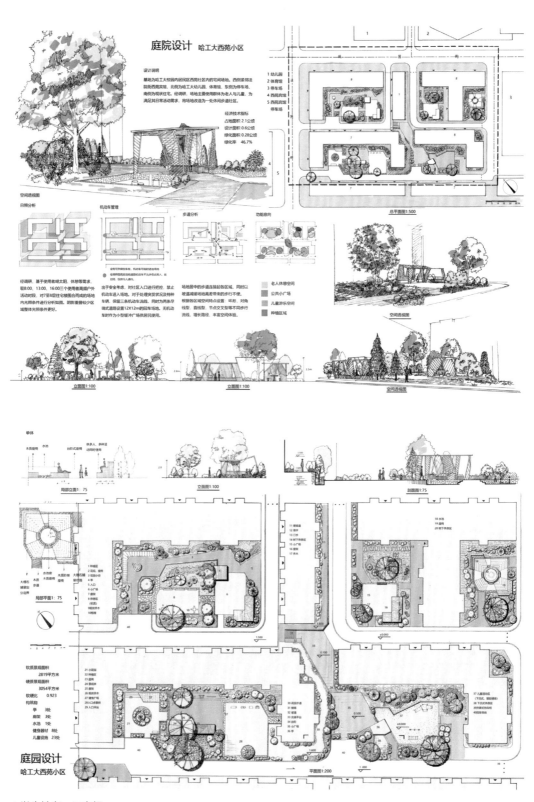

庭院设计 哈工大西苑小区

设计说明

基地为哈工大校园内居民区西苑社区内的宅间场地。西侧紧邻法院街西苑宾馆。北侧为哈工大幼儿园、体育馆，东侧为停车场。南侧为现状住宅。经调研，将场地改造为一处休闲步道社区。

经济技术指标
占地面积：2.1公顷
绿体面积：0.6公顷
绿化面积：0.28公顷
绿化率：46.7%

总平面图1:500

日照分析

经调研，基于使用者喜太阳、体验等需求，取00、13:00、16:00三个使用者喜高频户外活动时段。对7至8层住宅楼围合而成的场地内光照条件进行分析得出，阴影重叠较少区域整体光照条件更好。

机动车管理

出于安全考虑，对社区入口进行把控，禁止机动车进入场地。对于处理突发状况及特种车辆，保留三条机动车流线。同时为两条环端式道路设置12X12m供居民使用，无机动车时作为小型缓冲广场供居民使用。

步道分析

场地居中的步道连接起各区域，同时以坡道减缓场地高差等带来的步行不便。根据服务区域空间特点设置步道。对角线型、直线型、节点交叉型等不同步行流线、增长路径，丰富空间体验。

功能意向

老人休憩空间
公共小广场
儿童游乐空间
种植区域

空间透视图

立面图1:100　　立面图1:100　　空间透视图

单体

局部立面图1:75　　立面图1:100　　剖面图1:75

局部平面1:75

软质景观面积
2819平方米
硬质景观面积
3054平方米
软硬比　0.923
构筑物
亭　3处
廊架　3处
水池　1处
健身器材　8处
儿童设施　23处

庭园设计
哈工大西苑小区

平面图1:200

▲学生姓名：王宇轩

哈工大西苑社区宅间庭院设计
GARDEN DESIGN

庭园设计

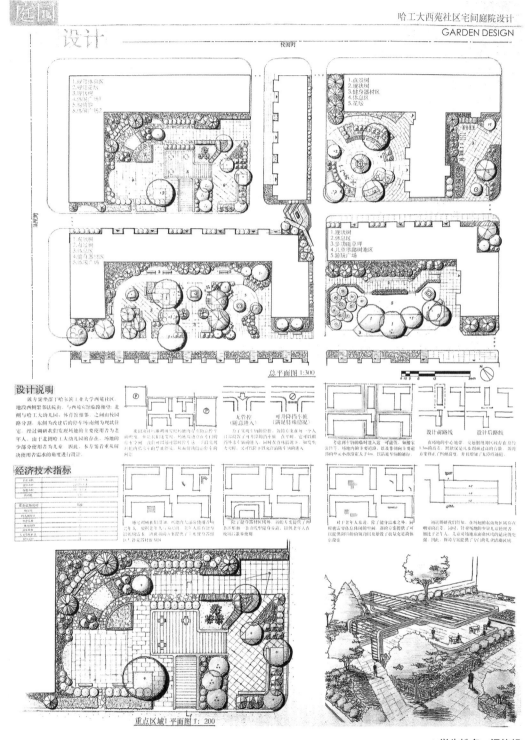

总平面图 1:300

设计说明

该方案坐落于哈尔滨工业大学西苑社区。

经济技术指标

重点区域 1 平面图 1:200

▲ 学生姓名：闫佳起

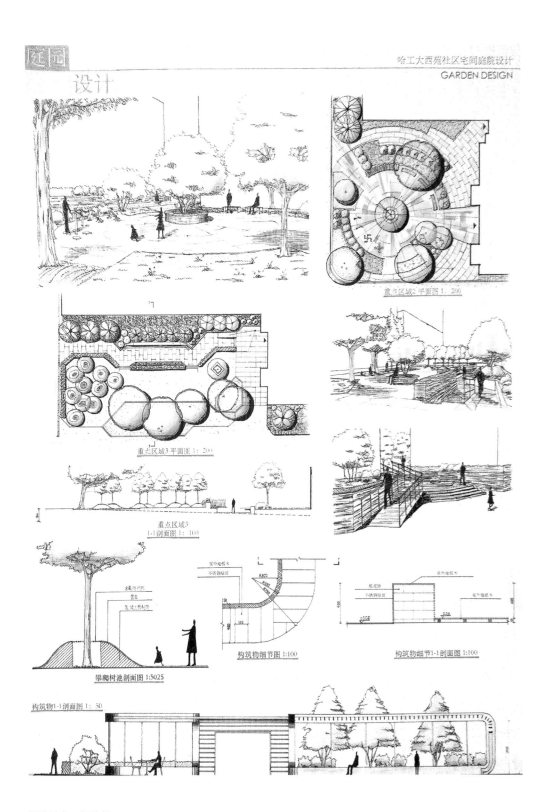

▲ 学生姓名：闫佳起

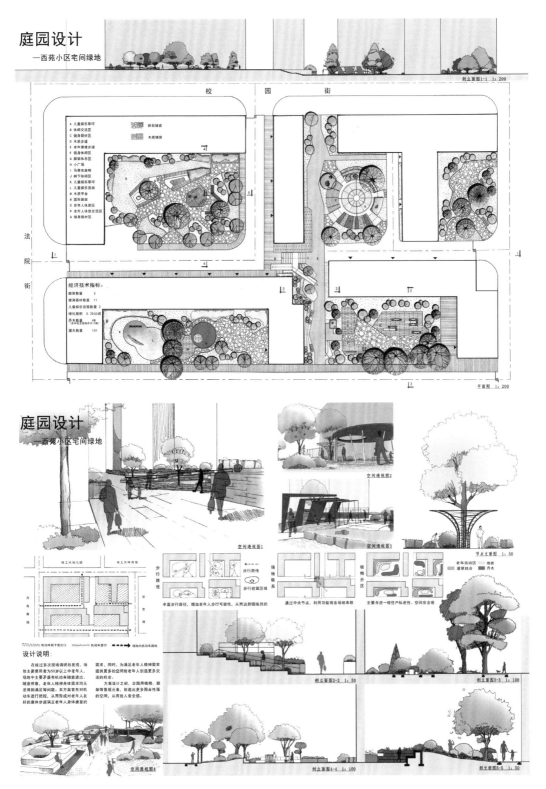

庭园设计
—西苑小区宅间绿地

庭园设计
—西苑小区宅间绿地

经济技术指标：
廊架数量　3
健身器材数量　11
儿童娱乐设施数量　2
绿化面积　0.25公顷
乔木数量　48
（常绿落叶混合木17棵）
灌木数量　101

剖立面图1-1　1：200
平面图　1：200

设计说明：
在经过多次现场调研后发现，场地主要使用者为50岁以上中老年人，场地中主要矛盾有机动车辆意进出、随意停靠，老年人精神身体需求均无法得到满足等问题。本方案首先对机动车进行把控，从而形成对老年人友好的康体步道满足老年人身体康复的需求。同时，为满足老年人精神需求提供更多的空间给老年人创造更多交流的机会。

方案设计之初，会用植物、廊架等景观元素，创造出多图会性强的空间，从而给人安全感。

空间透视图4

剖立面图2-2　1：50

剖立面图3-3　1：100

剖立面图4-4　1：100

剖立面图5-5　1：50

▲学生姓名：于丰瑜

场地规划设计
Site Plan

● 授课对象：风景园林专业二年级

● 授课时长：48学时+K

课程简述

　　本课程通过课堂讲授、实地调研和设计指导，训练学生综合运用所学的相关的场地设计理论知识进行设计实践，熟悉场地设计的设计过程，掌握场地设计的设计方法。

教学目标

　　通过课程的训练与学习，达到教学目标如下：

　　1. 让学生进一步掌握并熟练运用场地选择和资源分析、视觉设计、竖向设计、工程构造设计等场地设计的相关知识的目的。

　　2. 培养学生实地调查研究的总结分析能力。

　　3. 针对不同情况采取适宜技术方案的解决问题能力和综合运用所学知识的工程实践能力。

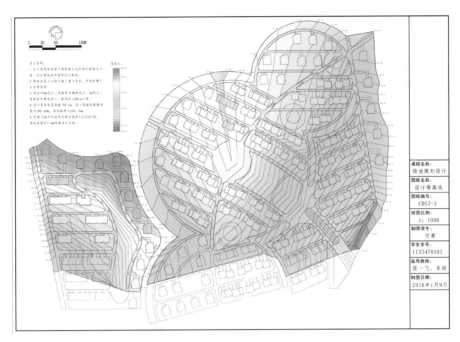

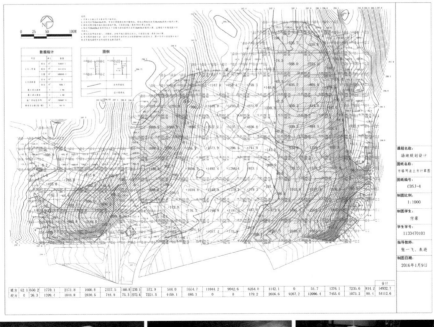

▲ 竖向设计、小区规划、模型展示

学生姓名：付豪　周伊　蔡萌　程小倩　于丰瑜

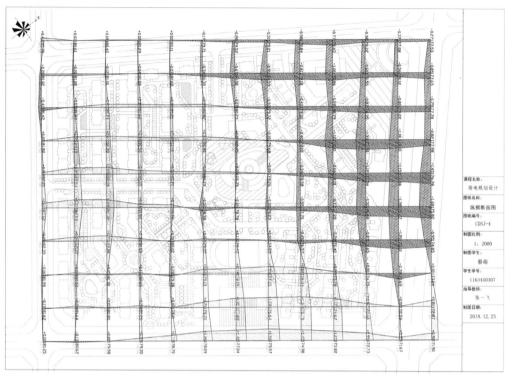

课程名称：
场地规划设计
图纸名称：
纵横断面图
图纸编号：
CDSJ-4
制图比例：
1：2000
制图学生：
蔡萌
学生学号：
1163450307
指导教师：
张一飞
制图日期：
2018.12.25

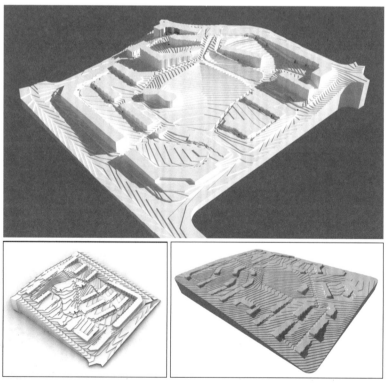

▲ 竖向设计、小区规划、模型展示

学生姓名：付豪　周伊　蔡萌　程小倩　于丰瑜

景观建筑设计
Landscape Architecture Design

● 授课对象：风景园林专业二年级

● 作业题目：休闲驿站

● 授课时长：48学时+K

课程简述

　　课程以风景园林学的视角，在环境地点性和设计过程性的背景下，学习小型景观建筑设计的基本原则与方法。

教学目标

　　1. 学习建筑设计的过程与方法。

　　2. 掌握建筑与环境的契合机制。

　　3. 建构理性设计思维的框架。

　　4. 强调模型与草图的重要作用。

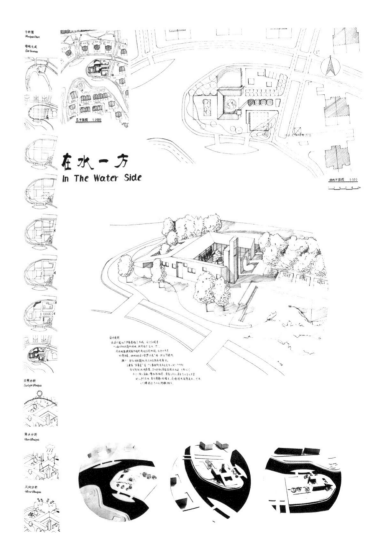

▲ 在水一方
学生姓名：何曦

在水一方
In The Water Side

分析图
Analysis Chart

体块生成
A Volume Generate

本草房

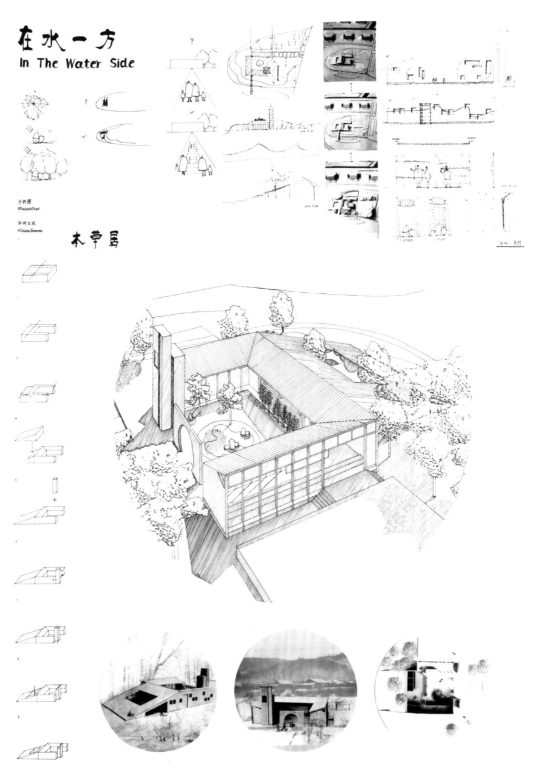

▲ 在水一方
学生姓名：何曦

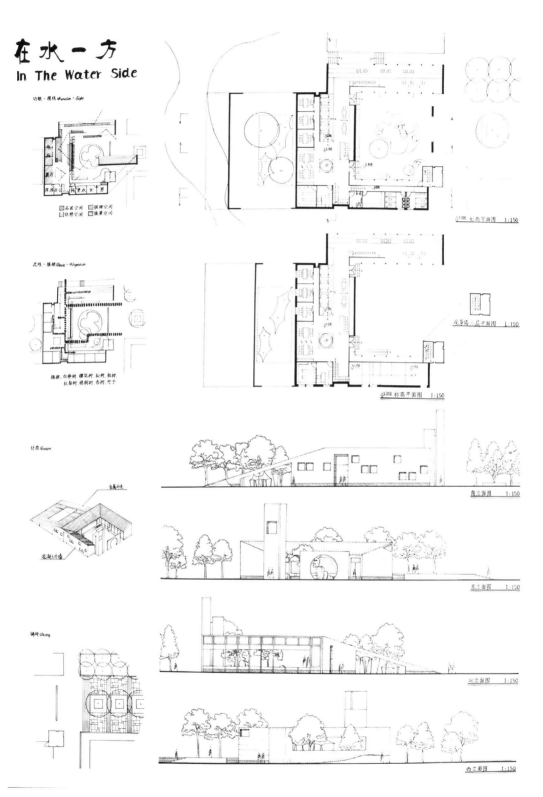

▲ 在水一方
学生姓名：何曦

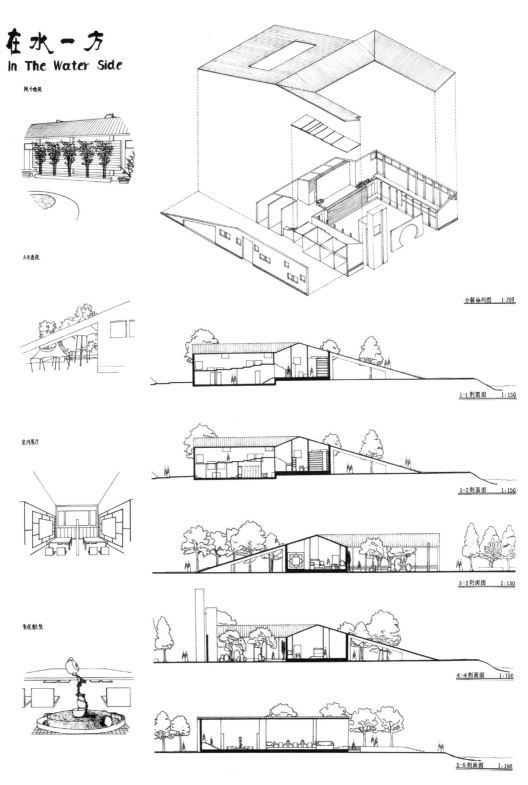

在水一方
In The Water Side

院子透视

天井透视

室内展厅

景观雕塑

分解轴测图 1:200

1-1剖面图 1:150

2-2剖面图 1:150

3-3剖面图 1:150

4-4剖面图 1:150

5-5剖面图 1:150

▲ 在水一方
学生姓名：何曦

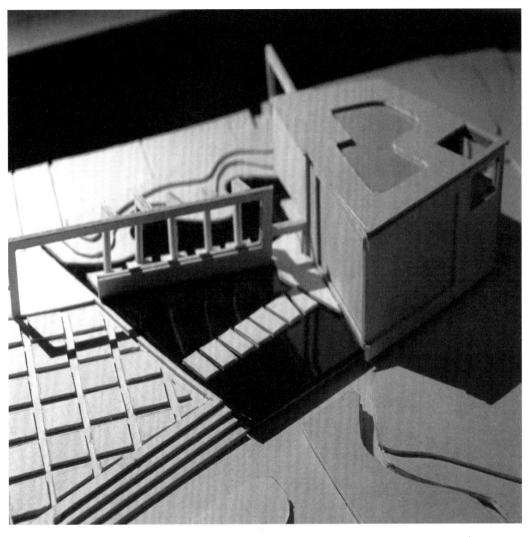

未时
会所

2013.9 - 2013.11 景观建筑设计1- 休闲驿站设计

**设计
说明**

对设计
的
几点
自我总
结
自我体
验

1.提取场地周边城市肌理，采用网格法确定建筑基地。和谐融入周边环境，变化，却不冲突，达到对立与统一的平衡。

2.两个对周边联排别墅对冲的角分别采用了钢结构玻璃幕墙与镂空保留结构的两和"虚"的手法处理，照顾居民心理感受。

3.主入口前设计一片方形草地加强人对网格法设计理念的感受；两条镜面水池上的进入路线使人心灵沉定，放松；主要入口压低人进入建筑内部后对坐席区上空处理的有"又一村"的别有洞天之感。

4.部分深粉红墙体与地面及绿色玻璃幕墙给人以充满活力的感受，忘却忧愁粉繁。

5.未时即午后时间，正是人们小息纳凉休闲时刻。这个时间段也是人一天中，最为舒适的时间。此时来到这样一个休闲驿站体验太阳偏西，阳光透过绿色玻璃带来的变化光影体验岂不妙哉？岂不爽哉？！

▲ 未时会所

学生姓名：秦椿棚

停车场与可供残障人士进入
建筑的交通线路联系在一起，方
便出入。

建筑物前方下沉室外休憩区
域设置齿轮形样式室外休憩平
台，延续向方生成的草地缓坡，
从而实现建筑物向自然草被地形
的过渡。

根据对草丘在建筑物前方
延续生成大片草地缓坡，营造自
然地形，形成大地景观，一是从
靠近公路一端地势的完全城市化
铺装向平地形态的代表自然的水
体实现缓冲过渡，二是为出人会
所的人群提供简洁轻松的草地，全
身心亲近自然，追溯城市钢筋混
凝土森林、放松自我的机会。

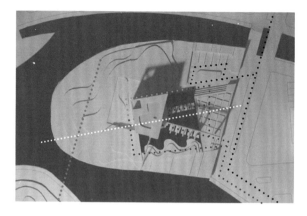

••••• 车行流线　••••• 人行流线　••••• 无障碍流线　••••• 延续的草丘景观　••••• 过渡的设计逻辑

基于城市化铺装向自然水体过渡的逻辑而生成　| 场地
设计

2013.9－2013.11　景观建筑设计1·休闲会馆设计　未时会所

水池边设置规整绿篱，加以
疏密间距不等的分割，以示城市
化铺装向自然的过渡。

采用网格分割建筑前入口广
场，靠近公路一侧方块为高但间
隙交通干线，网格线为坐地，疏
间隔硬，正负形反转，方块为草
地，网格线为石材。

建筑物主入口延伸出两道
墙，一道作为镜南水池上的线通
用，一道作为场地分割用，两人
造墙延向自然的草地缓坡分隔。
人行走廊的为取景墙、添人廊，另延伸的墙壁
强化了突出的建筑体态，也表明
了主入口，向人群展示了一种开
放的态度，符合会馆精神特点。

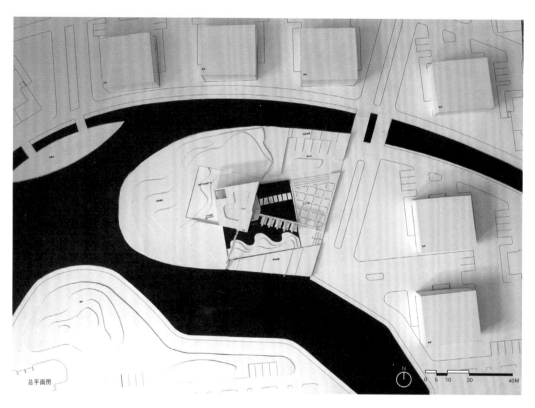

总平面图　N　0 5 10 20 40M

▲ 未时会所
学生姓名：秦椿棚

一层平面图1：200

二层平面图1：200

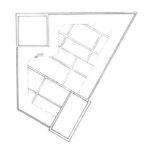

屋顶平面图1：200

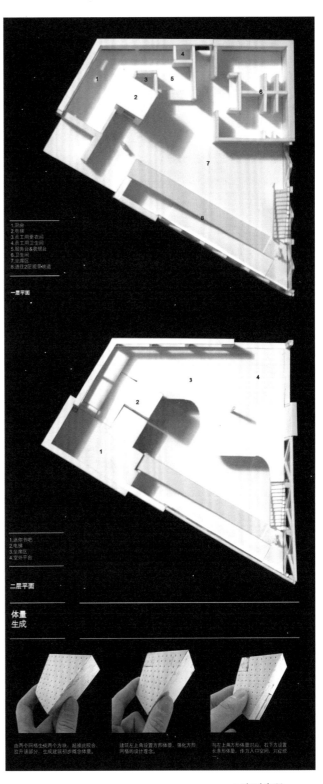

▲ 未时会所

学生姓名：秦椿棚

室内交通流线

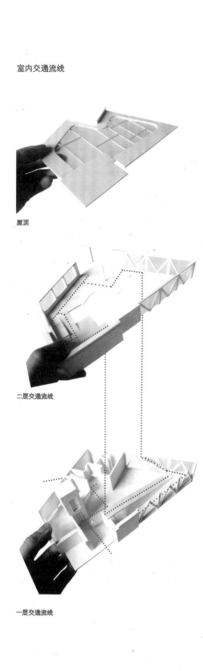

屋顶

二层交通流线

一层交通流线

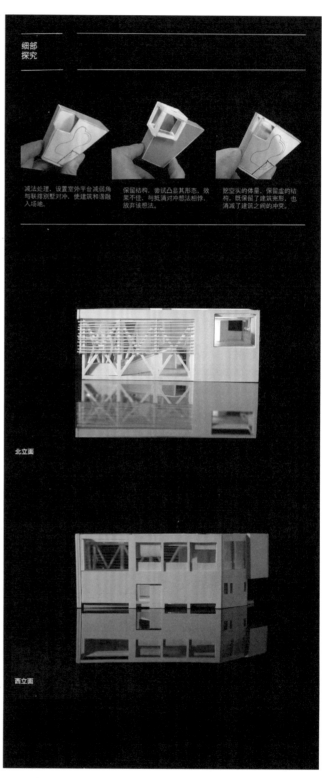

细部
探究

减法处理，设置室外平台减弱角 保留结构，尝试凸显其形态，效 挖空头的体量，保留虚的结
与联排别墅对冲，使建筑和谐融 果不佳，与抵消对冲想法相悖， 构，既保留了建筑亮形，也
入场地。 放弃该想法。 消减了建筑之间的冲突。

北立面

西立面

▲ 末时会所
学生姓名：秦椿棚

植物景观设计
Planting Design

● 授课对象：风景园林专业二年级

● 授课时长：48学时+K

课程简述

　　本课程以风景园林植物的空间组织和构建为核心，通过对风景园林植物种类、群落、形态和生态多样性的学习，掌握风景园林植物景观设计的方法和途径。

教学目标

　　1. 要求学生进一步提升植物识别技能，深入掌握园林植物生物学特征及观赏特性，了解植物配置的相关原理，了解植物群落与生态因子的相互关系，培养学生对植物的情感和学习植物的习惯。

　　2. 掌握植物与阳光、地形、水体、建筑等景观要素的配置方法，带领学生探讨植物在景观中的空间创意和表达。根据植物景观构图的科学性与艺术性则，独立完成城市街道广场、城市住区、街头游园花园、建筑外环境、城市公园等城市绿地植物景观设计任务。

　　3. 熟悉植物景观概念设计、方案设计、施工图设计程序与绘图标准，熟练运用相关软件如CAD、Photoshop、SketchUp制图。

　　4. 通过实地调研培养学生分析问题能力，提高团队协作能力。

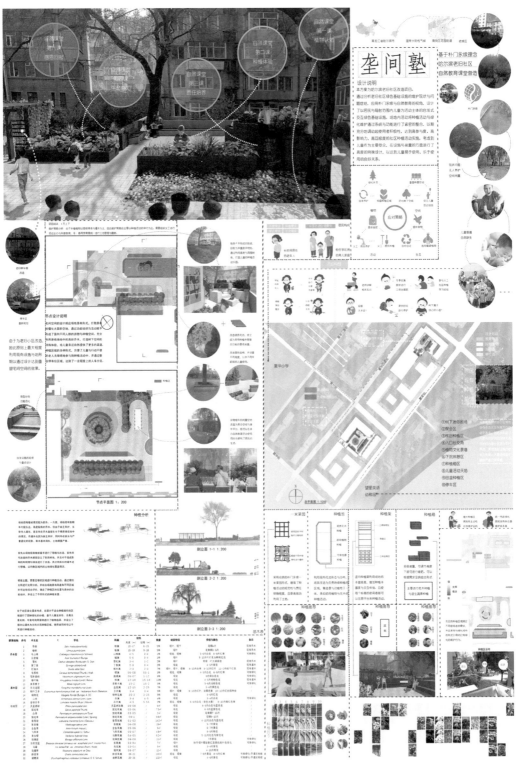

▲ 垄间塾
学生姓名：肖湘

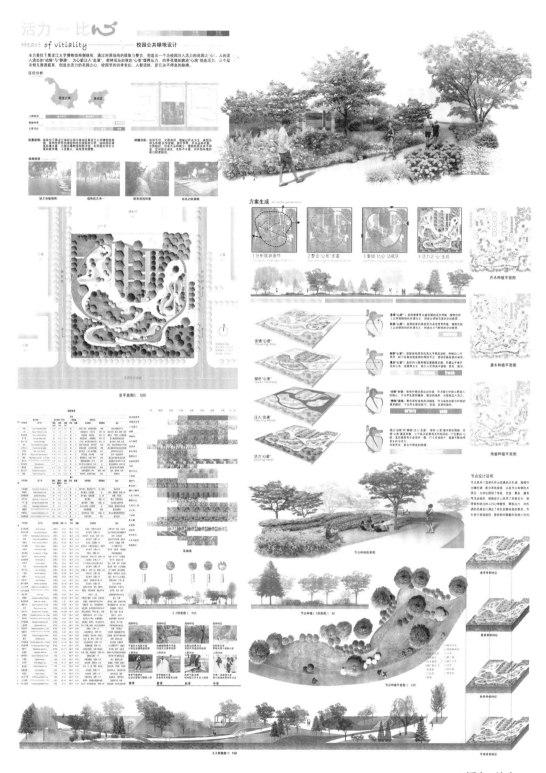

▲ 活力 - 比心

学生姓名：蔡萌

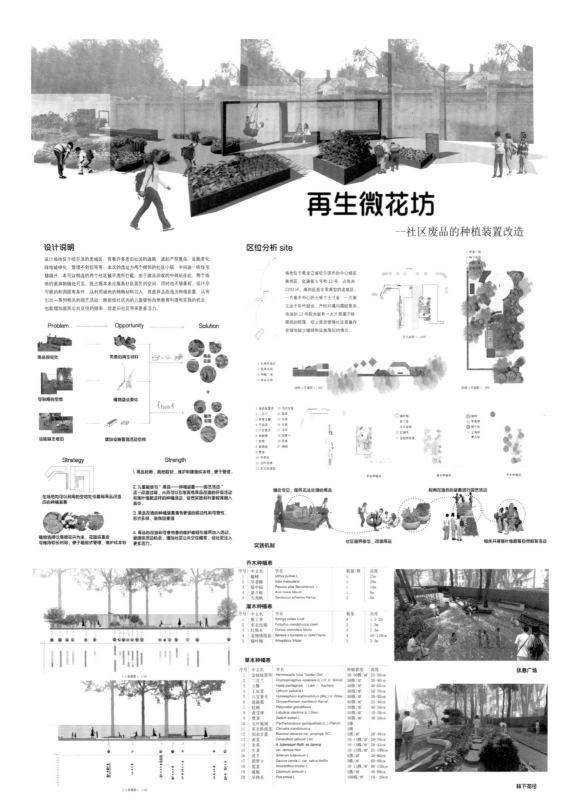

▲ 再生微花坊

学生姓名：程小倩

▲北城·相遇
学生姓名：查润东

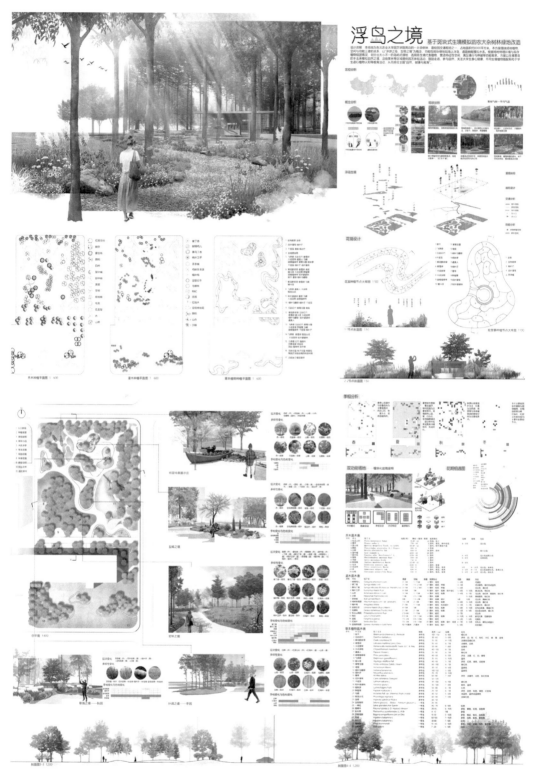

▲ 浮岛之境
学生姓名：黄志彬

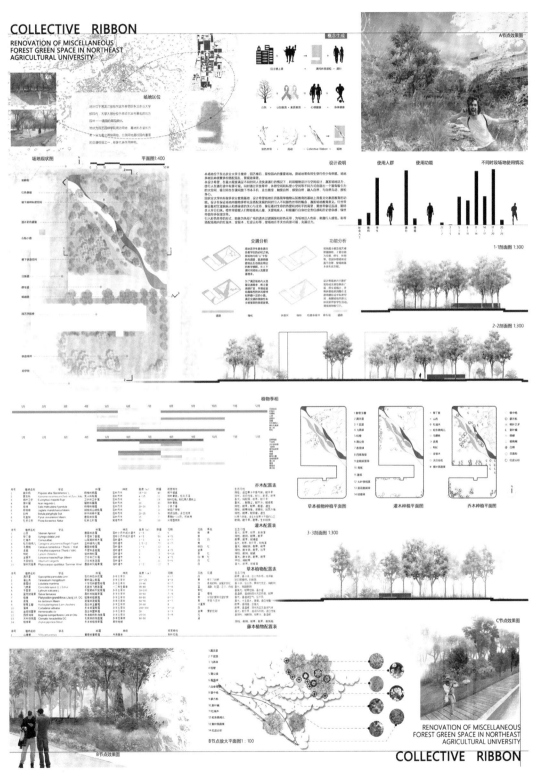

▲ Collective Ribbon

学生姓名：孟凡钰

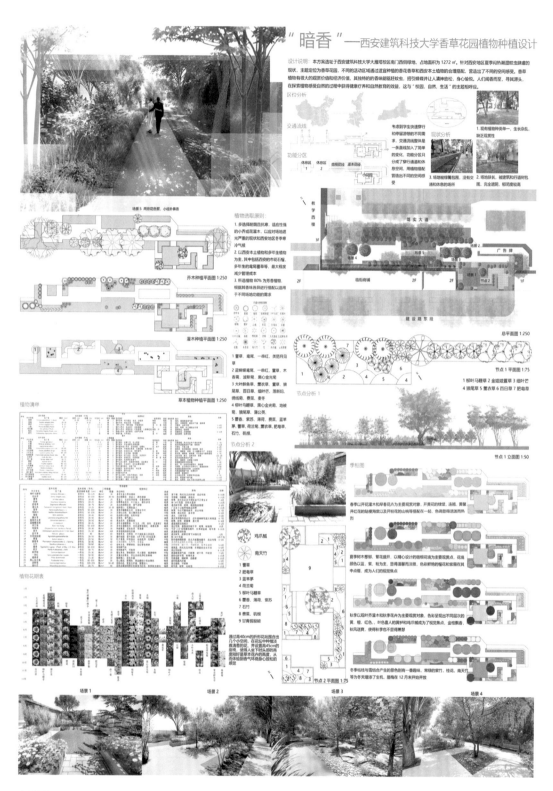

"暗香"——西安建筑科技大学香草花园植物种植设计

▲ 暗香

学生姓名：宋天宁

AEROBIC SPACE IN CAMPUS
——东北林业大学感官生态绿地设计

▲ Aerobic Space in Campus
学生姓名：余畅

3.3 本科三年级优秀作业

Excellent Assignments for the 3rd Grade

生态公园规划与设计
Ecological Park Planning and Design

● 授课对象：风景园林专业三年级

● 授课时长：96 学时 +2K

课程简述

1. 本课程是风景园林专业的核心课程，重点解决自然生态系统的规划原理和方法。

2. 授课内容主要分为两部分，由规划、设计两个核心环节构成，建立规划与设计一体化模式，按照现实工作流程要求，培养学生建立上位规划指导约束下位设计、小尺度设计遵循、完善深化大尺度规划的工作思维。

3. 关注场地各类生态分析的科学性、规划设计过程的逻辑性、规划设计方案的视野性与创造性，以培养学生规划设计能力以及科研素质。要求学生具体掌握生态原理应用方法、生态斑块或廊道的规划与设计方法，建立生态规划六步模型的方法、概念设计方法、生态空间感知和建构方法、多学科合作的系统性设计方法等。

4. 本课程是本科培养体系中的核心设计类课程。承担规划设计能力训练的拐点控制角色，通过对生态斑块的规划与设计训练，进而对后续阶段的规划设计课形成关键支撑。与景观生态原理、生态基础设施原理、生态基础设施规划等课程耦合，构建自然生态课桯系列主脉，并与城市设计、城市景观、景观建筑等课程建构人文生态系列，打造"自然—人文"生态双脉交织的哈尔滨工业大学教学特色与能力长板。

流域分析
River basin Analysis

马家沟河历史分析
Majagou River Historical Analysis

综合气象分析
Meteorological Analysis

▲ 重拾犁耙

学生姓名：宋婵　王鹏涛　郭子维

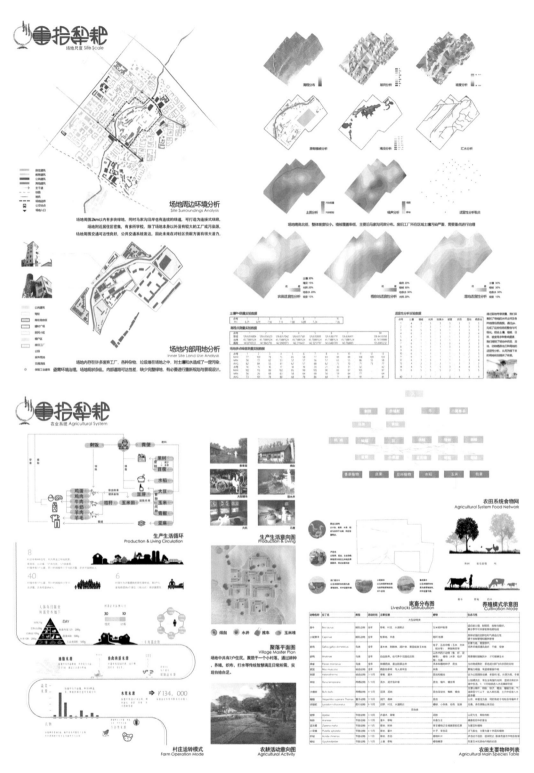

▲ 重拾犁耙

学生姓名：宋婵　王鹏涛　郭子维

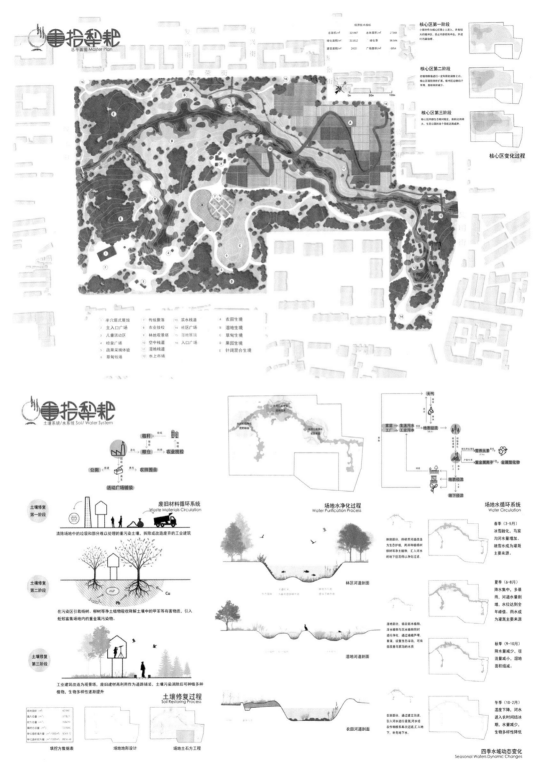

▲ 重拾犁耙

学生姓名：宋婵　王鹏涛　郭子维

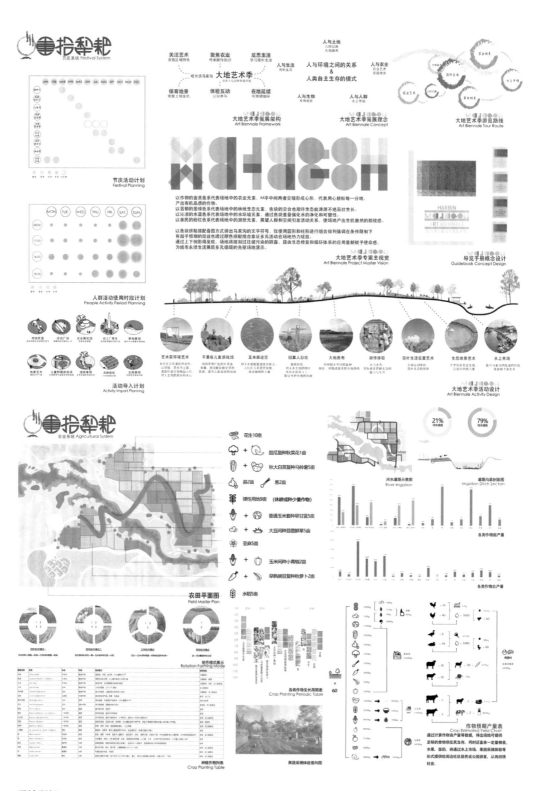

▲ 重拾犁耙
学生姓名：宋婵　王鹏涛　郭子维

冰都漫溯

鸟　瞰　图

设计说明：

设计选址位于哈尔滨松北区，属于寒冷地区，是寒带区域生态系统恢复重建的关键环节，同时水系沿线是一个绿地发展潜力较大的区域。旨在以生态水系恢复，比拟城市化、产业重、生态价值任意价值进行发展。

本方案从单点想到面，采用河段的发展作为出发点，单个点为节点来做，代表整个生态河流，通过大量的复制，又以我们的保护城市恢复，特色河域将代表城市的面貌呈现。通过自然，恢复与重建市水系统，完善城市绿地系统，完善城市生态系统的绿色生态公园节点，发展形成了点网，目标，水上人参与的是个发展，最终与成人与自然相对话，生于自然，每下各好的生态漫溯主题园。

目标物种

食物链结构

▲ 冰都漫溯
学生姓名：何明毅　关凯丹　钱昊

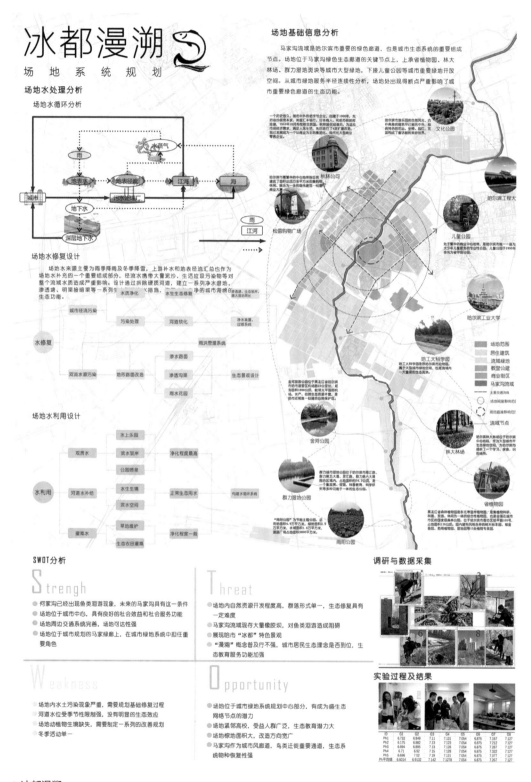

冰都漫溯

场地系统规划

场地水处理分析

场地水循环分析

场地水修复设计

场地水来源主要为雨季降雨及冬季降雪，上游补水和地表径流汇总也作为场地水补充的一个重要组成部分，经流水携带大量泥沙、生活垃圾及污染物等对整个流域水质造成严重影响。设计通过拆除硬质河道，建立一系列净水湿地、渗透塘、明渠接暗渠等一系列生态措施，净的城市海绵的生态功能。

水修复
- 城市径流污染
- 河流水源污染

水利用
- 观赏水
- 河道水补给
- 灌溉水

场地系统规划

场地基础信息分析

马家沟流域是哈尔滨市重要的绿色廊道，也是城市生态系统的重要组成节点。场地位于马家沟绿色生态廊道的关键节点上，上承省植物园、林大林场、群力湿地斑块等城市大型绿地，下接儿童公园等城市重要绿地开放空间。从城市绿地服务半径连续性分析，场地处出现得断点严重影响了城市重要绿色廊道的生态功能。

SWOT分析

Strengh
- 何家沟已经出现鱼类洄游现象，未来的马家沟具有这一条件
- 场地位于城市中心，具有良好的社会效益和社会服务功能
- 场地周边交通系统完善，场地可达性强
- 场地位于城市规划的马家绿廊上，在城市绿地系统中担任重要角色

Threat
- 场地内自然资源开发程度高，群落形式单一，生态修复具有一定难度
- 马家沟流域现存大量橡胶坝，对鱼类洄游造成阻碍
- 展现哈市"冰都"特色景观
- "漫溯"概念普及行不强，城市居民生态理念是否到位，生态教育服务功能加强

Weakness
- 场地内水土污染现象严重，需要规划基础修复过程
- 河道水位受季节性限制强，没有明显的生态效应
- 场地动植物生境缺失，需要制定一系列的改善规划
- 冬季活动单一

Opportunity
- 场地位于城市绿地系统规划中心部分，有成为盛生态网络节点的潜力
- 场地紧邻高校，受益人群广泛，生态教育潜力大
- 场地棕地面积大，改造方向宽广
- 马家沟作为城市风廊道，鸟类迁徙重要通道，生态系统物种恢复性强

调研与数据采集

实验过程及结果

	Q1	Q2	Q3	Q4	Q5	Q6	Q7	Q8
Ph1	6.732	6.849	7.11	7.131	7.054	6.875	7.157	7.127
Ph2	6.175	6.882	7.13	7.112	7.054	6.875	7.212	7.127
Ph3	6.676	6.895	7.13	7.126	7.054	6.875	7.322	7.127
Ph4	6.71	6.92	7.15	7.128	7.054	6.875	7.377	7.127
Ph5	6.696	7.12	7.131	7.142	7.054	6.875	7.377	7.127
外平均值	6.6014	6.9132	7.142	7.1278	7.054	6.875	7.267	7.127

▲ 冰都漫溯

学生姓名：何明毅 关凯丹 钱昊

▲ 虫生万物

学生姓名：周龙研　宋天宁　鹿文馨

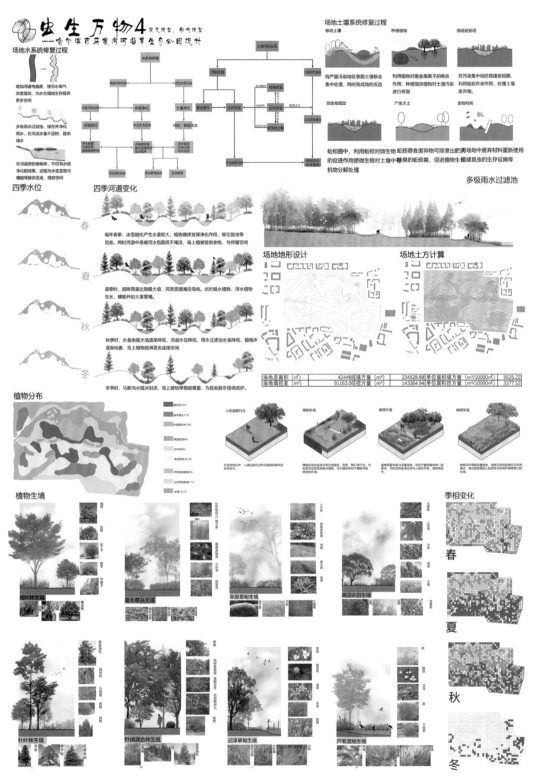

▲ 虫生万物

学生姓名：周龙研　宋天宁　鹿文馨

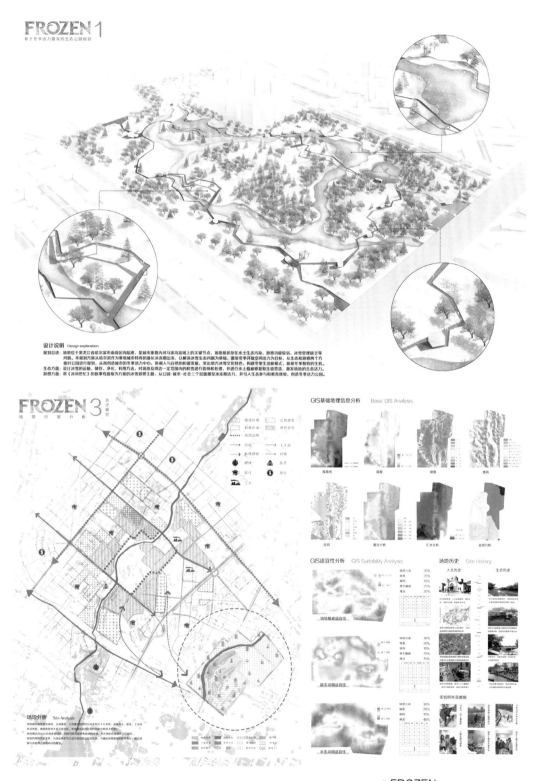

▲ FROZEN

学生姓名：查润东　蔡萌　文澜

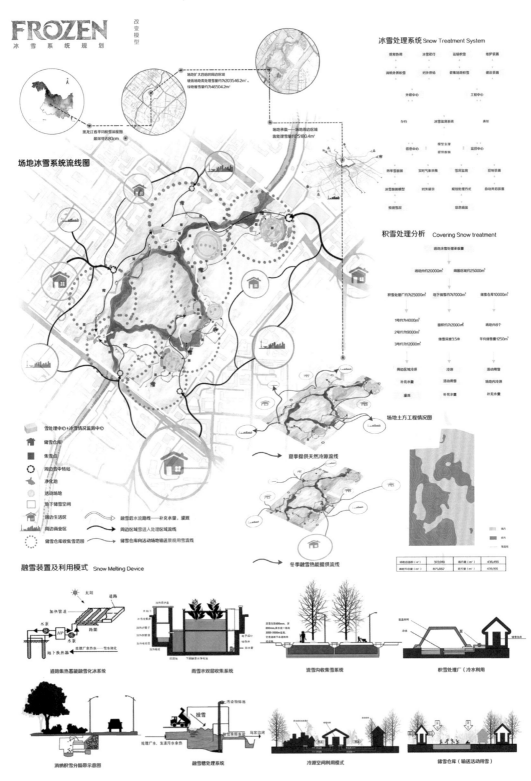

▲ FROZEN

学生姓名：查润东　蔡萌　文澜

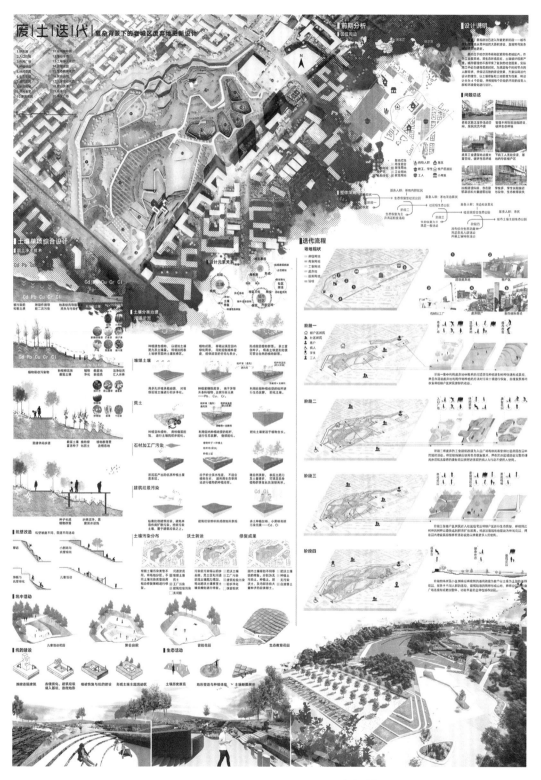

▲ 废土迭代

学生姓名：马玥莹　秦椿棚　郑杰鸿　张持

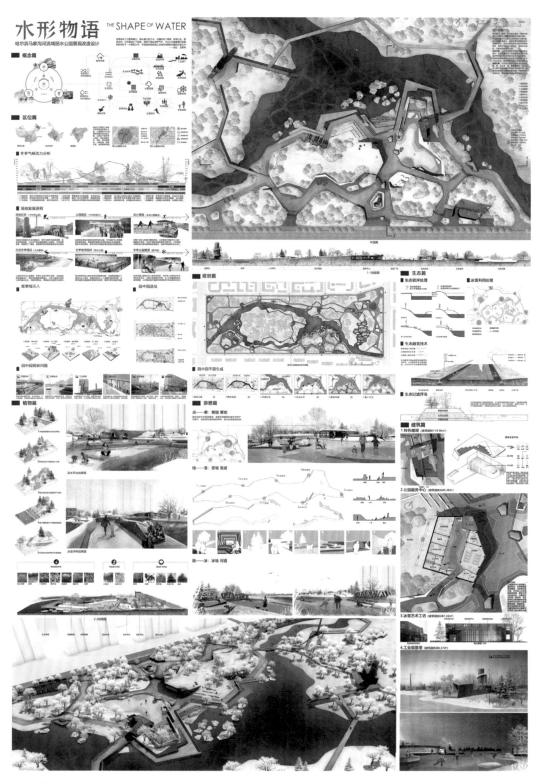

▲ 水形物语
学生姓名：蔡萌

对望

大地与天空对望，人们栖息其中，却很多时候因为他们一个过高，一个过矮而总是忽视他们的存在。人，大地，天空，相互孤立。

设计利用反射原理把原本需要仰视和俯视的天空和大地投射到平视中，引起人们的注意。

反射装置之一就是人形，用人的不同形态，不同情感，不同夸张手法容纳表现自然，引起使用者对人与自然的关系的反思。

原本天空与大地对望，人站在城市与自然对望，设计利用凸透镜和镜子把这几种元素置于同一高度范围的空间中，表现其实这四种元素是一个有机的整体。我们也只有从保护我们忽视的大地与自然开始，才能保护我们触不可及的蓝天，才能保护我们人类自己。

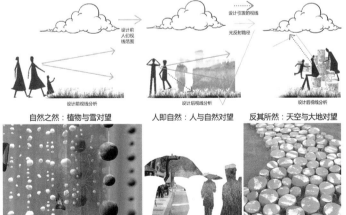

自然之然：植物与雪对望　　人即自然：人与自然对望　　反其所然：天空与大地对望

▲ 对望

学生姓名：朱光亚

对望

上位规划分析

"寂静的冬天"生态公园规划反应了，哈尔滨的冰雪资源没有得到合理的应用，遵受了从降落过程到融化的各个环节的不同程度的污染。该规划针对雪循环的各个环节进行了处理设计，并且相应设置了各个环节的功能教育点。

场地位于生态公园规划的初期阶段"模拟教育路径"的起点，负责教育模拟雪循环初的下降过程。雪下降时会重现人们眼抚大气污染物到到地面，缓解空气污染。

规划旨在利用场地提醒人们雪花只是大气污染物的转移者，并没有真正解决污染，雾霾会污染雪花，污染物从大气循环中转移到水循环中。

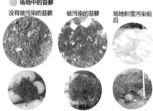

上位规划指导场地设计主旨：

上位规划希望场地使用者开始关注蓝天，珍惜蓝天，保护蓝天。规划希望学生们能在今后的工作研究中，找到污染雪花的始作俑者，还一片纯洁的雪的同时也还一方蓝天。

规划中场地的生态功能：

生态公园规划的主旨是服务半径和道路上的积雪及时收集，防止二次污染，并且可以合理地涵养动植物。

场地作为初期的教育园区，不负责解决场地之外的雪污染问题，场地中的积雪落到树林中的自然融化，降落到道路中的需要及时堆扫，减少因交通，道路造成的二次污染，并收集雨水，二次利用。

设计使用功能分析

1 自然之然：植物与雪对望。

自然有其自己的监测和反馈污染的方法。

⬤ 苔藓和地衣因其无根性，遇到大气污染会变色。

⬤ 冬季雪球颜色的变化可以直接说明雪在堆积过程中的二次污染。

⬤ 场地中的苔藓

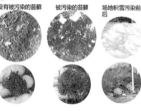

没有被污染的苔藓　被污染的苔藓　场地积雪污染前后

2 人即自然：人与自然对望

⬤ 用人形承载自然，暗示人本身，即是自然。

⬤ 用人形的不同形态反应场地不同区域的不同情感暗示。

⬤ 用人形的不同行为模式暗示使用者此地方可以做的事。

3 反其所然：天空与大地对望

用不同高度，材质的镜子应用反射原理，让人们注意到原来不会注意到的细节。设计通过层层递进的表达方式引起使用者对于蓝天，大地，自然，人类的思考。

⬤ 人形有的用凸透镜制作，可以把大地的细节反射到立面上来，引起人们对于大地的注意。

⬤ 为了保护自然，场地限制交通在道地路上，而林中细节由林中镜子反射，时道路上行走的人不用进入林中也能看到。

⬤ 人形有不同高度，反应不同高度范围的自然细节。

⬤ 通过镜面树桩的设置把天空从仰视反射到俯视和平视，引起人们注意（分析图见第一张图）

⬤ 人形镜和镜面座椅配合，又把天空从平面反射到立面。

雪花在降雪过程中会吸收污染
一 雪花下落过程中与污染物质接触的时间较长。
二 雪花瓣呈六角形，疏松多孔，像海绵一样，降落时容易吸附大气中的污染颗粒物。

场地功能：雪循环模拟教育路径的起点，说明雪在下降过程中吸收大气污染

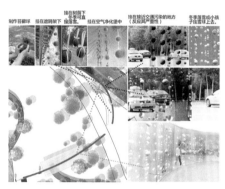

场地位置

下降过程　空中过程　地面过程　蒸发过程　净化过程　教育终点

模拟教育路径规划分析图

设计生态设施设计分析

场地设计了两个收集场地道路积雪的雪水花园，净化利用雪水，防止雪在道路上被积压造成二次污染。
冬季储雪，其他三季储存融雪和降雨。

静水生态设施　冬季运雪，夏春秋游憩通道。

套在罩子里的人　下班啦　天与地

自行车道提示　场地入口标示

望向天空的人意旨在表达人即自然，终即自然的主题，是人即自然的核心区域。
仰望星空，即脚踏实地。
该节点设计意在引导人们望向天空，引起思考。
且不同高度的人形镜子反应不同高度的风景。

冬季储雪，雪水和雨水渗入地下收集起来，夏季创造动水景观。

动水生态设施

5m
1.7m

⬤ 自然群像　⬤ "巨幕"与"下班啦"高度对比。　⬤ 翻转圆镜 "为一块双面镜，当一面向天时，另一面反射地面的景物，引起人们对于天与地的关系的思考。
我们只有改变大地的生态过程，才可以慢慢恢复蓝天的清澈。

镜面树桩在树林下的转换为座椅树桩，方便人们坐下仔细观察旁边镜面树桩的镜像变化。

剖面图A-A 1:50

▲ 对望

学生姓名：朱光亚

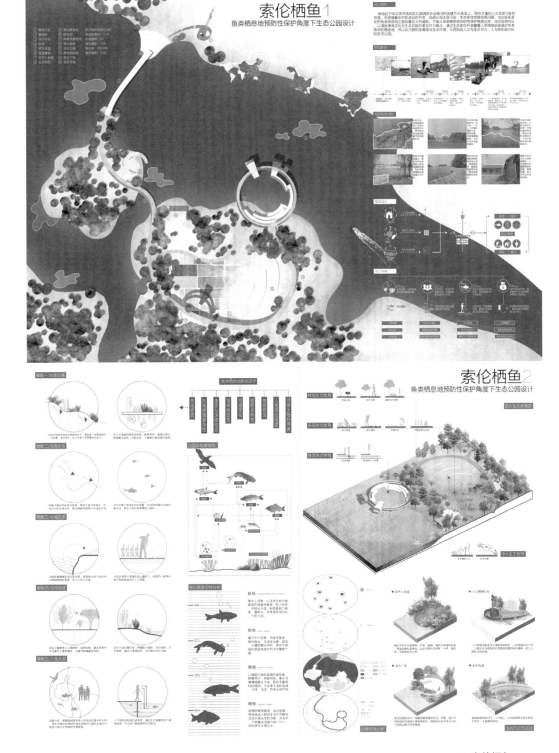

▲ 索伦栖鱼

学生姓名：黄志彬

▲ 索伦栖鱼

学生姓名：黄志彬

▲ 折纸乐园
学生姓名：何曦

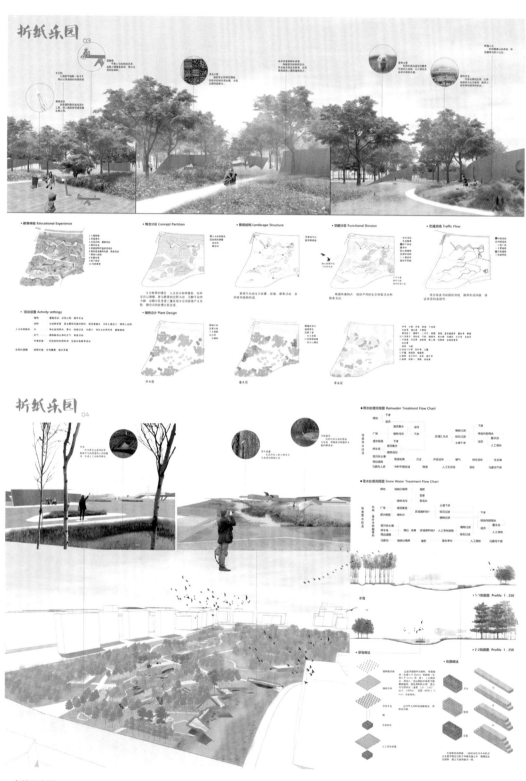

▲ 折纸乐园

学生姓名：何曦

自然之痕
THE TRACKS OF NATURE

装置的最初定义就是给每个人都提供欣赏自然艺术的机会，那么它就不仅仅是一个临时性的装置，而更是一种多元化、跨学科的自然艺术创作记录系统。它不仅涉及到艺术，更有科学理性的记录手段、能反映当地特色的地域性、互联网公众平台的营建以及呼吁公众进行参与创作的凝聚力。当"自然之痕"装置"升级"为"自然之痕+"之时，整个装置的设计价值将得到体现。

自然之痕 "＋" ＝ 艺术 科学 地域性 网络 公众参与 …… 找寻创世纪之初自然艺术与科学的畅想

如何实现？

前期实验

根据我们最终装置的设计构思，制造了两个简易的模拟装置，以验证装置预想效果的可持续性。

模拟风记录装置，利用麻绳系铜转、在风力作用下，画出轨迹。

模拟雨水记录装置，利用木炭粉，通过水的压力，在纸上留下雨打落的痕迹。

根据实验，可以确定，用这种方法确实可以将自然过程转变为艺术化图形，以记录下来。

风的痕迹过略浅，说明绳子的长度需进一步改进，记录方式有待改善。

防水处理略有不足，但获得了意外的水渍效果。

主题深化02

建成效果

装置分析

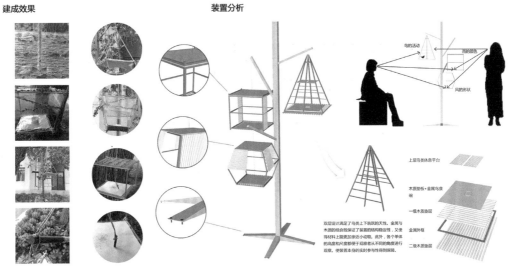

鸟的活动

雨的颜色

风的形状

上层鸟类休息平台

木质垫板+金属鸟食钢

一级木质垫层

金属外框

二级木质垫层

双层设计满足了鸟类上下飞跃的天性，金属与木质的结合既保证了装置的结构稳定性，又使得材料上能更加拿近小动物。此外，各个单体的高度和尺度都对观赏者从不同的角度进行双赏，使装置本身的实时参与性得到探障。

建造过程

5.亚克力板围合　7.拼装支架底座　9.拍出室外　11.整平地面空间

1.材料购买　2.前期预实验　3.编制底座　4.木基础扎框架　6.支架管件改　8.连桩框架和支架　10.底座确定　12.夯实基础　13.完成施工　14.得到围形成果

▲ 自然之痕
学生姓名：余畅　黄思铭　李晓昱

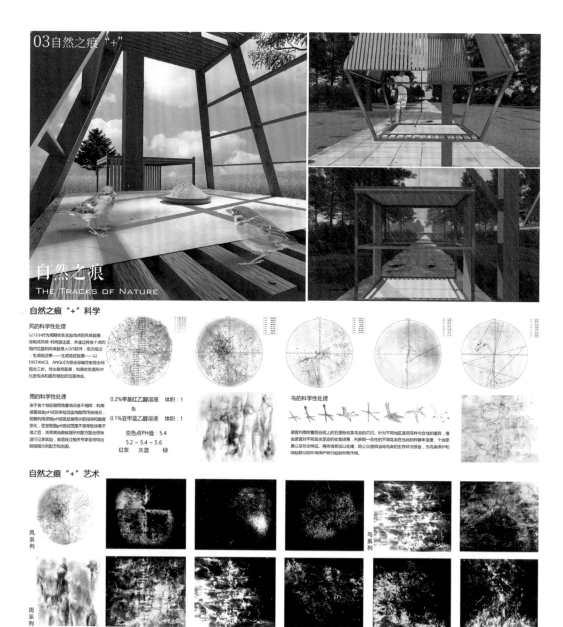

03 自然之痕 "+"

自然之痕

THE TRACKS OF NATURE

自然之痕 "+" 科学

风的科学性处理

以12小时为周期收集实验地点的风级数据，绘制成风级-时间进度图，并通过将各个点的相对位置和风级数据录入GIS软件，依次经过生成指定图表——生成指定点按钮——以DISTANCE、ANGLE为极坐标轴控制投影移回此三步，得出最终图表，和原收集图园对比数现点和圆用环的位图弯曲合。

雨的科学性处理

由于各个地区酸雨危害情况各不相同，利用装置精合pH试剂来检测当地酸雨污染情况，前期利用灵敏的pH试纸反映降雨水平的酸性和酸度变化，在发现酸pH测试值落不变导致效果不佳之后，找寻其他酸碱指示剂配方配色纸张进行记录实验，最后经过这些相关专家咨询得出做喷墙指示剂配方和拓色痕。

0.2%甲基红乙醇溶液　体积：1
&
0.1%亚甲蓝乙醇溶液　体积：1

变色点PH值：5.4
5.2～5.4～5.6
红紫　灰蓝　绿

鸟的科学性处理

装置利用印替在白纸上的石墨粉收集鸟类的爪印。针对不同地区基调鸟种与各性的差异，借由装置对不同鸟类足迹的收集结果，判断同一个性的不同鸟类在当地的种群丰富度、个体密度以及形态特征。再将信息加以处理，给公众提供当地鸟类的生存状况报告，为鸟类保护和鸟巢栖众的环境保护意识起到帮助作用。

自然之痕 "+" 艺术

风系列

鸟系列

雨系列

利用计算机技术将收集到的黑白石墨图像处理成具有艺术审美价值的图像，给自然的作品增添一份艺术性，激发观赏者的思考兴趣，并且促成观众内心深处的反馈意愿，使其更加关于自然，关于于装置的使用

自然之痕 "+" 无限可能

自然之痕的最初目标就是将自然艺术带回普通市民的身边。只要有公众参与到装置的发展中来，自然之痕就将孕育着无限的可能。利用社交平台网络，使更多人能通过网络了解、欣赏、反馈自然艺术。在民众积极欣赏、评论的过程中，他们已经开始与自然互动。然后定期举办线下的自然画廊，将处理过的艺术性图案和描绘图案提供给普通市民欣赏，并给予他们自由创作的空间，允许居民在其基础上"涂鸦"上自己的想法和意思，有趣味性地收集到使用者和参与者的反馈，最后预计提供装置的同化版本，鼓励每个人都能DIY出自己的生态艺术，真正将无限种可能释放出去。

▲ 自然之痕

学生姓名：余畅　黄思铭　李晓昱

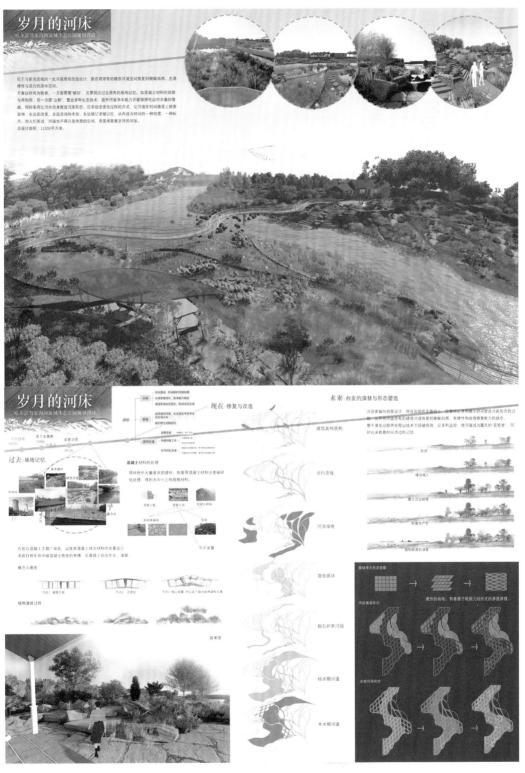

▲ 岁月的河床

学生姓名：王宇轩

自然回放 1
基于淤泥处理演替再生的生态公园设计

场地概况 Site Overview

气候概况 Climatic Conditions

场地实景 Site Photos

设计说明 Design Introduction

概念逻辑 Design Conception

流域上位规划 Design Introduction

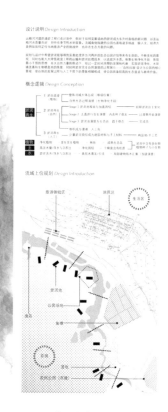

自然回放 2
基于淤泥处理演替再生的生态公园设计

游憩系统生成 Recreational System Design Process

游憩系统分析 Recreational system Analysis

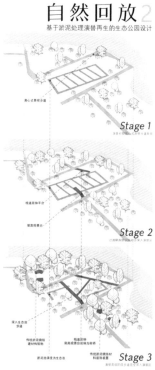

Stage 1

Stage 2

Stage 3

▲ 自然回放

学生姓名：杜玥辉

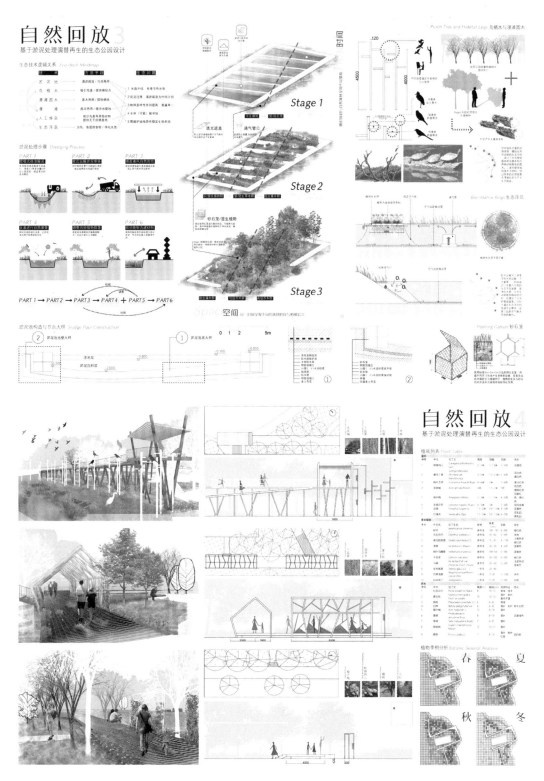

▲ 自然回放
学生姓名：杜玥辉

▲ 候鸟机场｜平面图与设计流程说明
学生姓名：韩画宇

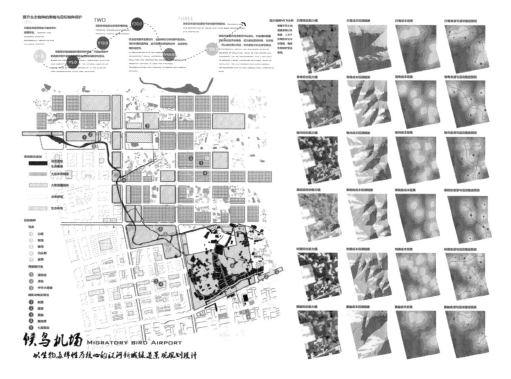

▲ 候鸟机场｜WCR分析与栖息地规划
学生姓名：韩画宇

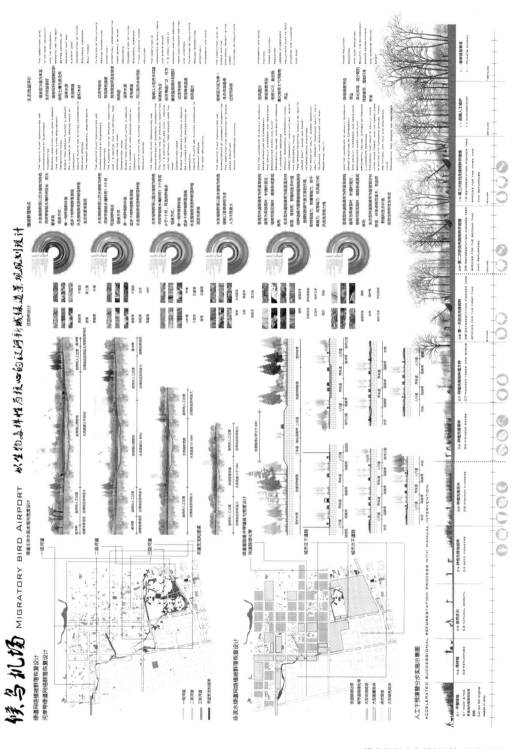

▲ 候鸟机场 | 生境规划与植物设计
学生姓名：韩画宇

3.4 本科四年级优秀作业

Excellent Assignments for the 4th of Grade

城市景观设计
Urban Landscape Design

● 授课对象：风景园林专业四年级

● 2019作业题目：废弃铁路更新设计、社区营造

● 2018作业题目：医院康复景观设计、社区营造

● 2017作业题目：城市内河绿道设计、旧建筑改造

● 2016作业题目：街道设计、医院康复景观设计

● 授课时长：48学时+K

课程简述

城市景观设计课程，面向城市现代化社会治理的重大需求，聚焦影响城市可持续发展的核心问题，通过设计使城市公共空间成为直接面对物质和精神需求的功能载体。

教学目标

1. 城市景观类型复杂多样，但其服务目标却总是指向特定的社会群体需求和空间环境，培养学生通过调查研究来明确影响可持续的社会环境关系本质与问题所在，进而超越类型，实现对场地的重新定义。

2. 规划层面，掌握利用信息化技术和手段，对日益更新的城市环境和人群需求进行了解与分析，适应大数据智慧化需求。

3. 设计层面，学习通过创意性设计手段寻求景观形态与空间模式的可能性，有效地回应现实问题并支撑特定的社会功能与生态服务需求。

4. 培养学生勇于承担社会责任，提升国际视野及团队交流与合作能力，强化综合运用多元知识对城市复杂问题进行研究，创造性地提出解决方案的能力。

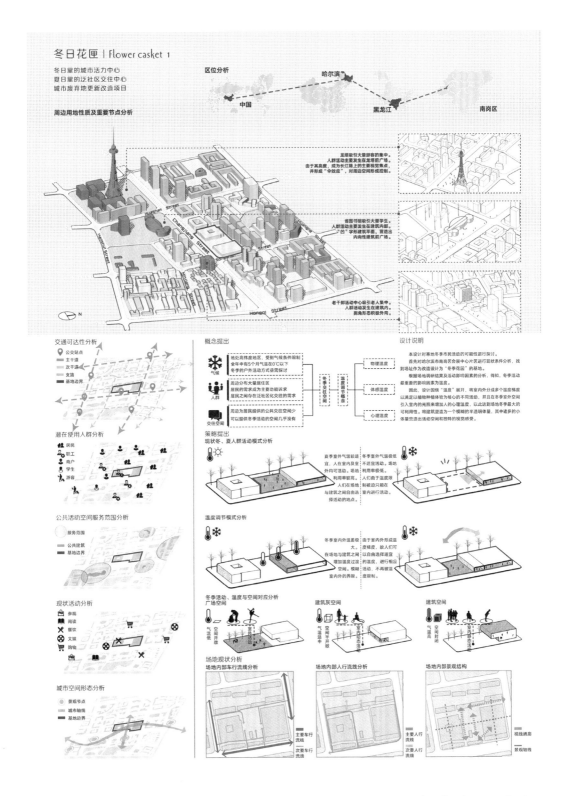

▲ 冬日花匣 | Flower Casket

学生姓名：马玥莹　秦椿棚

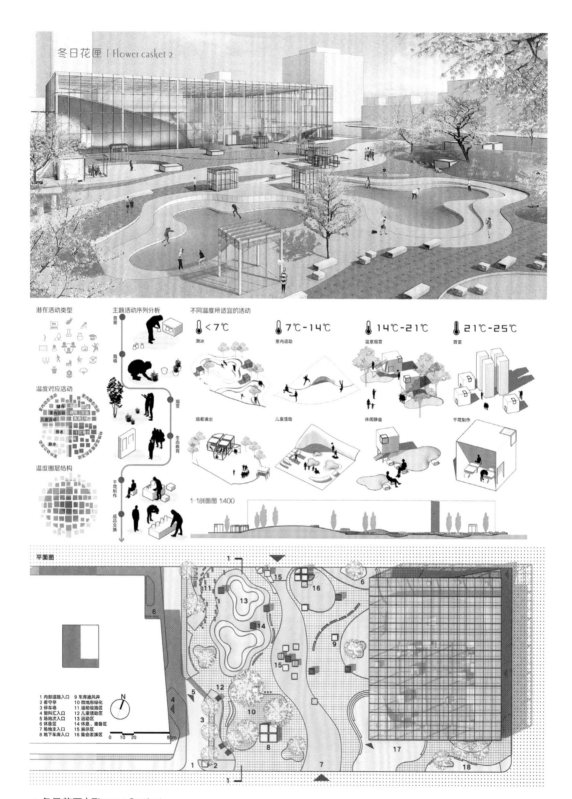

▲ 冬日花匣 | Flower Casket
学生姓名：马玥莹　秦椿棚

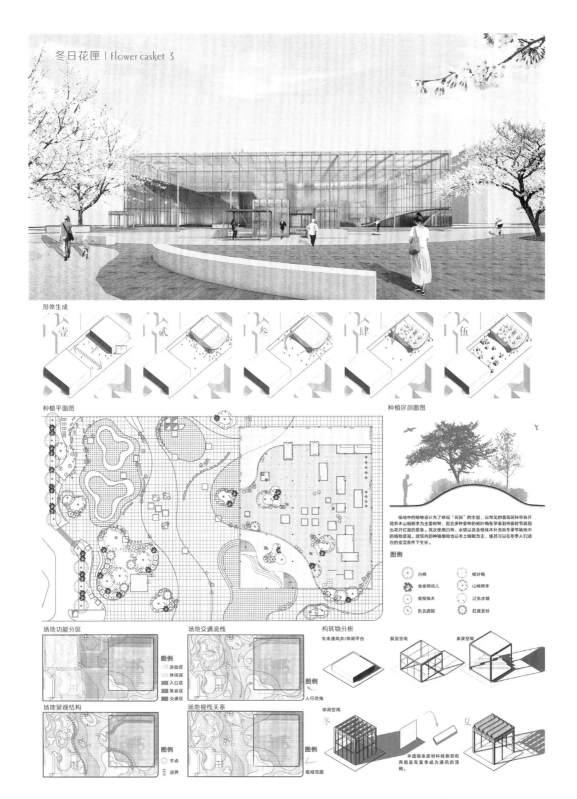

冬日花匣 | Flower casket 3

形体生成

壹　貳　叁　肆　伍

种植平面图

种植区剖面图

场地中的植物设计为了体现"花园"的主题，以常见的蔷薇科早春开花乔木山桃稠李为主要树种，配合多种变种的榆叶梅在早春到仲春时节展现出花开烂漫的景象。其次使用白桦、水蜡以及金枝梾木补充秋冬季节场地中的植物面貌，建筑内部种植植物也以本土植物为主，使其可以在冬季人们适应的室温条件下生长。

图例

白桦　　　　榆叶梅

金雀锦鸡儿　山桃稠李

金枝梾木　　辽东水蜡

东北连翘　　红皮云杉

场地功能分区

图例
运动区
休闲区
入口区
集会区
交通区

场地交通流线

图例
人行流线

构筑物分析

车库通风井/休闲平台

展览空间

表演空间

场地景观结构

图例
节点
边界

场地视线关系

图例
视域范围

休闲空间

冬

半透明表皮材料经拆卸和再拼装在夏季成为通风的顶棚。

夏

▲ 冬日花匣 | Flower Casket
学生姓名：马玥莹　秦椿棚

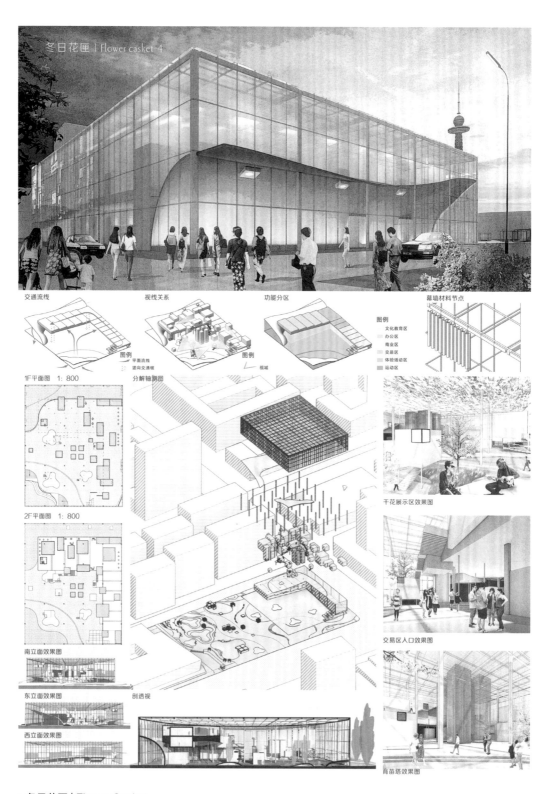

▲ 冬日花匣 | Flower Casket
学生姓名：马玥莹　秦椿棚

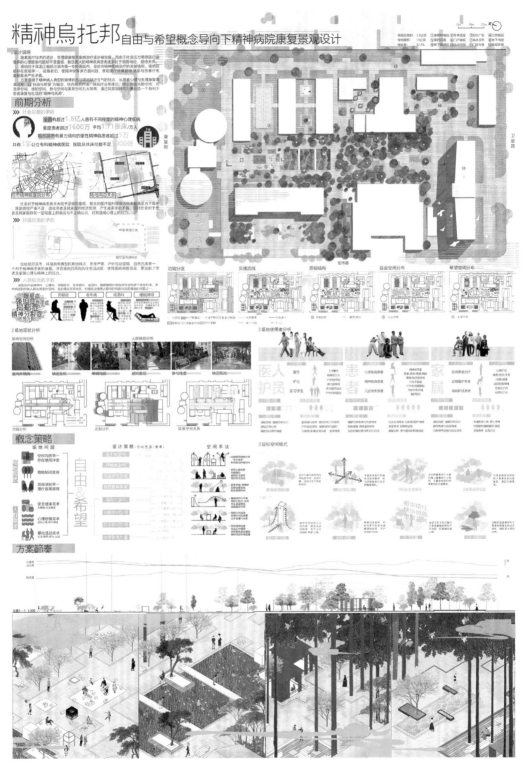

▲ 精神乌托邦

学生姓名：黄志彬　杜玥珲

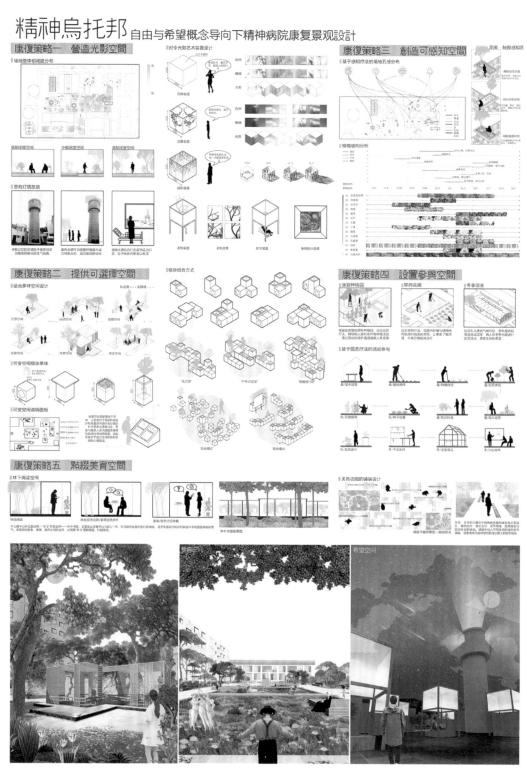

▲ 精神乌托邦
学生姓名：黄志彬　杜玥珲

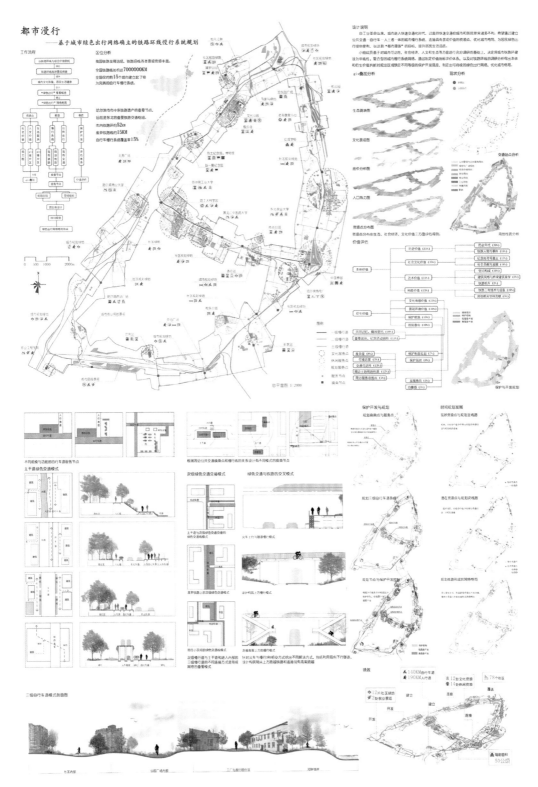

▲ 都市漫行

学生姓名：邓颖升　周龙研

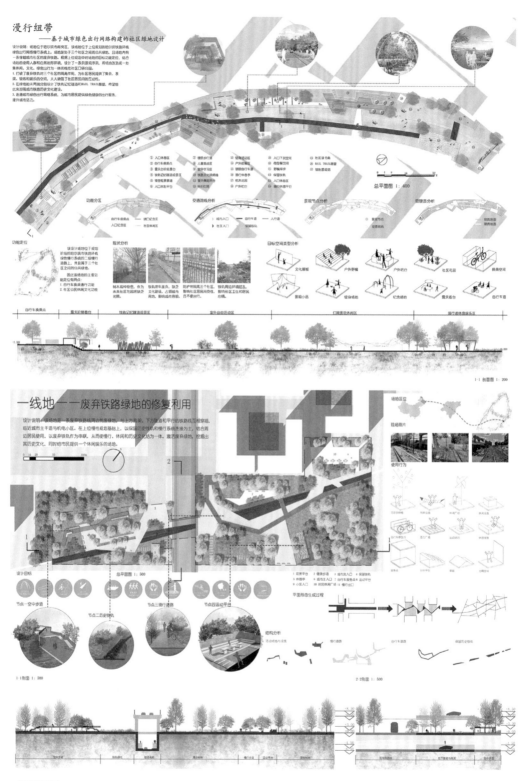

▲ 都市漫行

学生姓名：邓颖升　周龙研

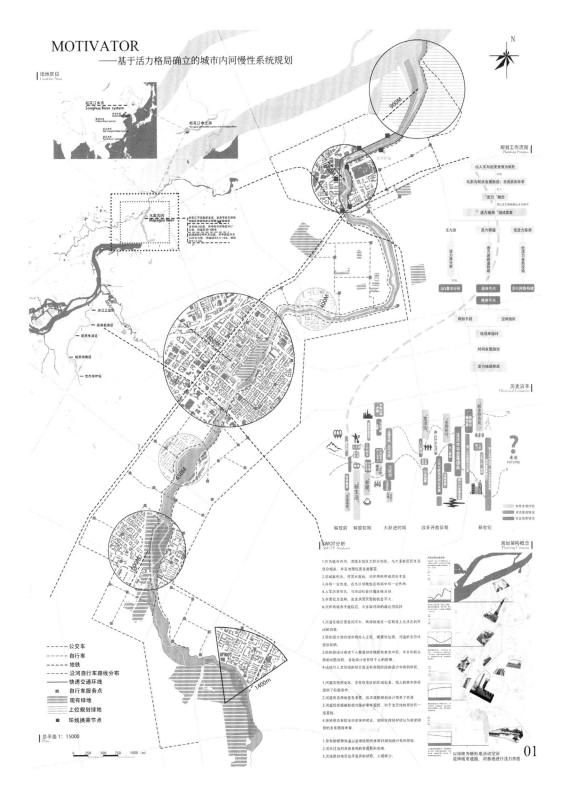

▲ MOTIVATOR | 基于活力格局确立的城市内河慢行系统规划
学生姓名：余畅　黄思铭

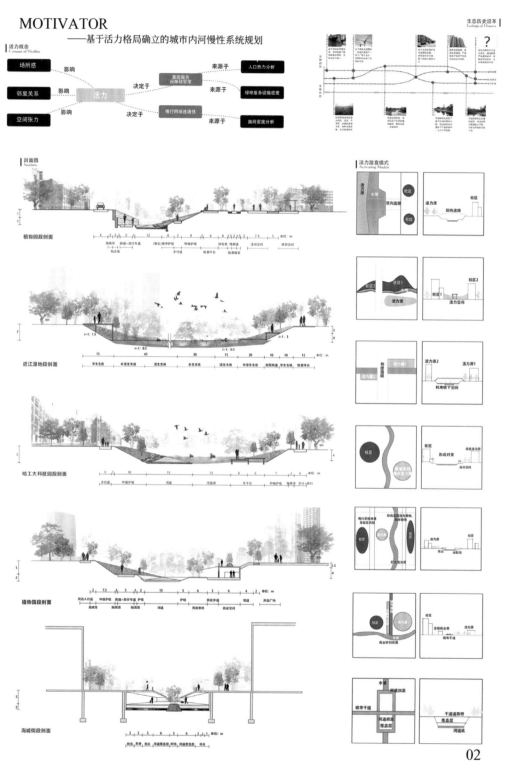

▲ MOTIVATOR | 基于活力格局确立的城市内河慢行系统规划
学生姓名：余畅　黄思铭

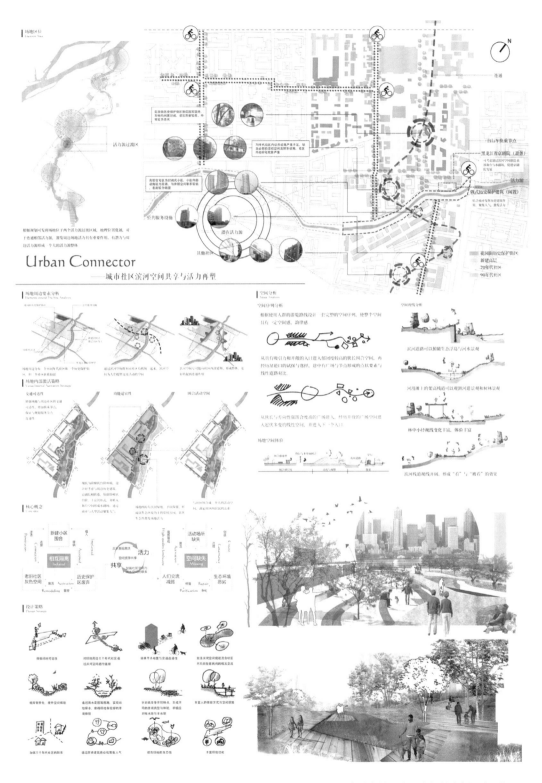

▲ Urban Connector | 城市社区滨河空间共享与活力再塑
学生姓名：余畅　黄思铭

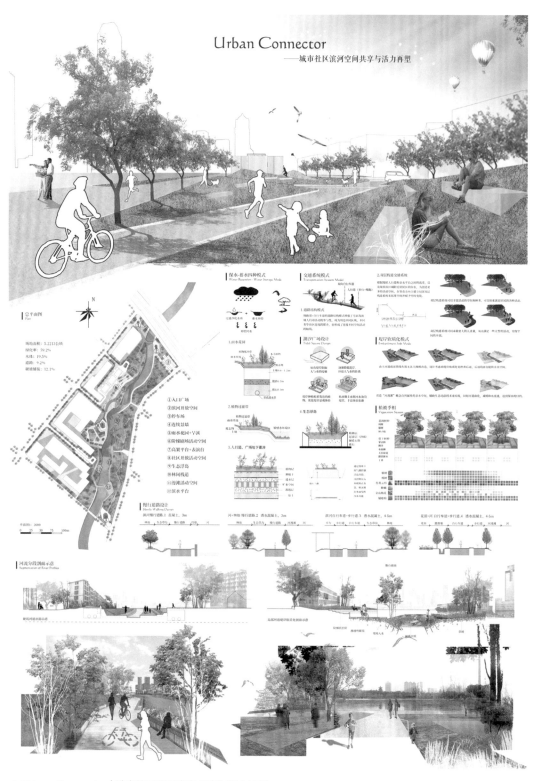

▲ Urban Connector | 城市社区滨河空间共享与活力再塑
学生姓名：余畅　黄思铭

城市设计
Urban Design

● **授课对象：风景园林专业四年级**

● **作业题目：城市空间发展与更新设计**

● **授课时长：48学时**

课程简述

　　城市设计是风景园林学重要的高年级专业设计课程，培养学生面对基于城市尺度的系统复杂性，通过设计讨论城市发展中的经济、生态、社会可持续议题。学生需要在形态维度、功能维度、时间维度、视觉维度、社会维度等层面，对特定城市区域进行深层次调研、讨论和设计，对场地的复杂性做出回应。在场地总体规划要求的基础上，以调研为依据，以问题为导向，提出发展策略和具体的城市空间设计方案。

教学目标

　　1. 了解相关设计规范和原则，在城市尺度研究和讨论基于可持续发展的议题，了解城市系统的复杂性，通过城市设计回应现实问题。

　　2. 关注调研、分析、讨论；提升观察视角、批判思维、策略建构和设计创新能力；完善设计方法和设计过程。

　　3. 提升绘图、文字、语言等层面的沟通表达能力。

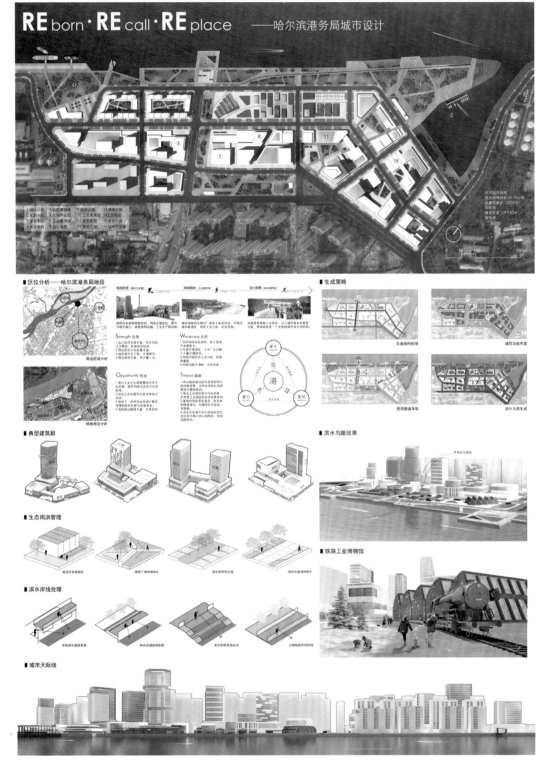

▲REborn·REcall·REplace
作者姓名：蔡萌

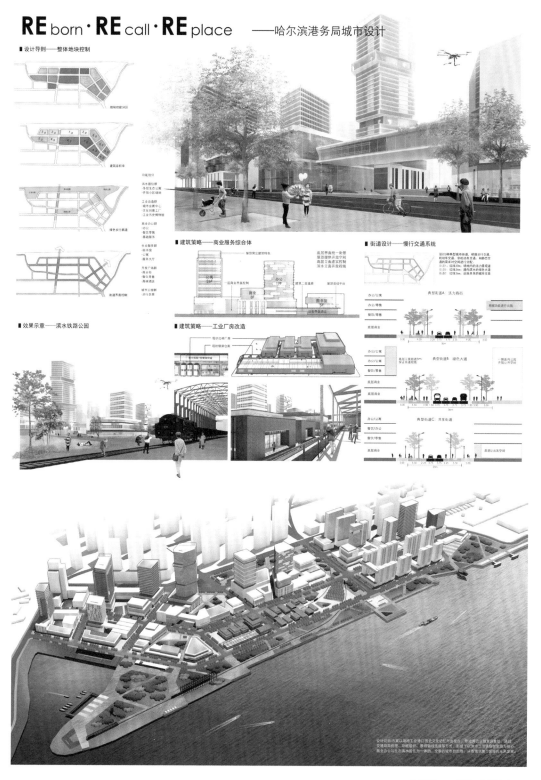

▲ REborn·REcall·REplace

作者姓名：蔡萌

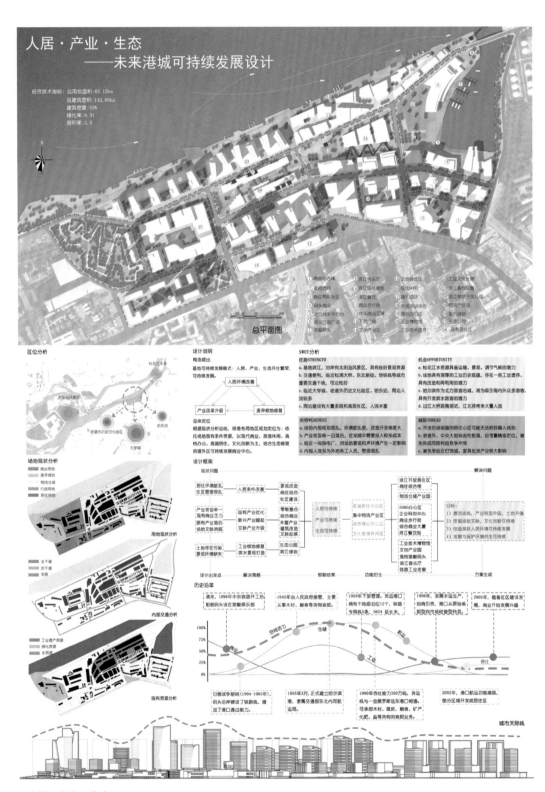

▲ 人居·产业·生态
作者姓名：邓颖升

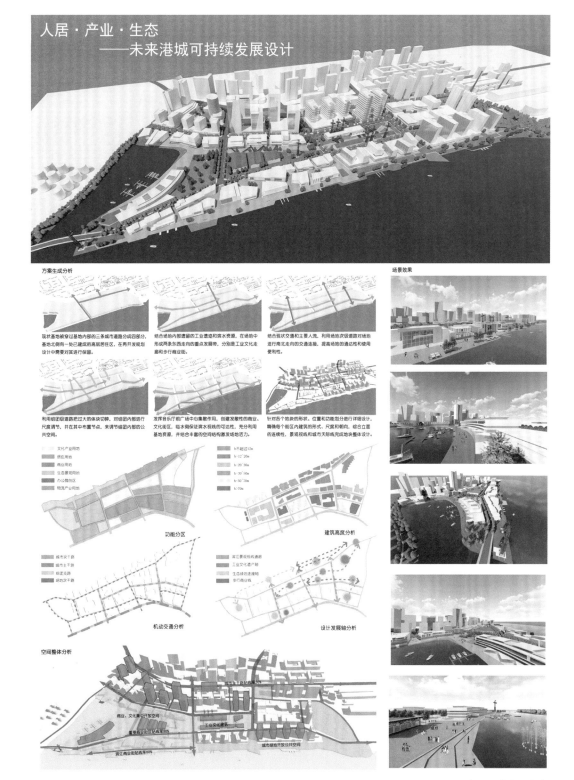

▲ 人居·产业·生态
作者姓名：邓颖升

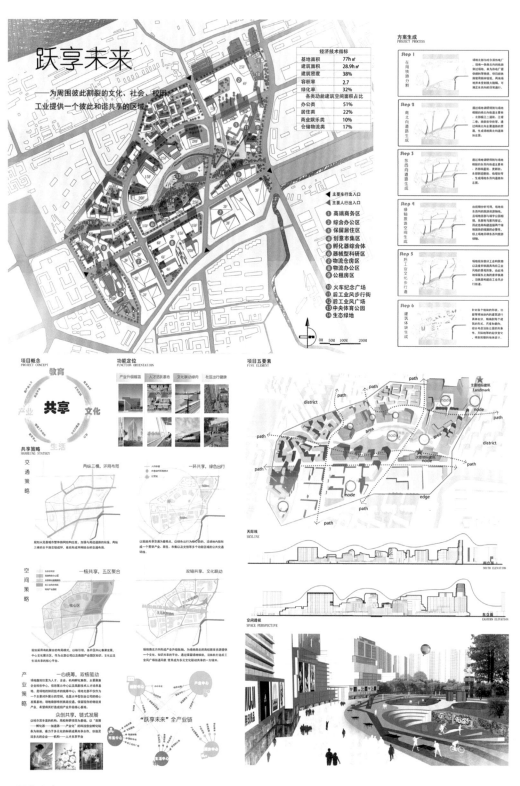

▲ 跃享未来
作者姓名：王鹏涛

▲ 江畔绿城
作者姓名：周龙研

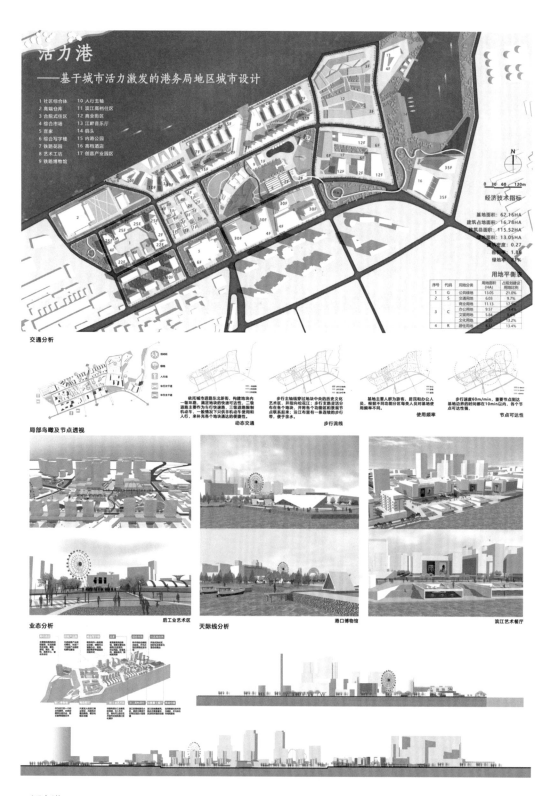

▲ 活力港
作者姓名：宋婵　付凯

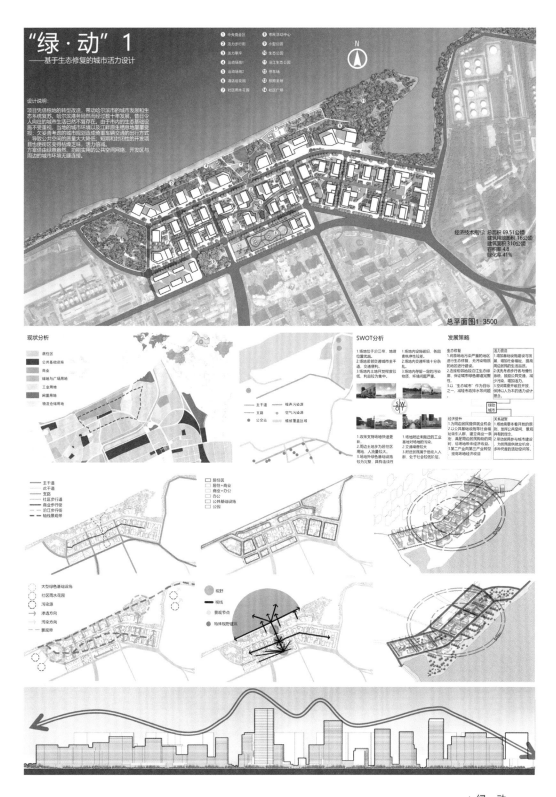

▲ 绿·动
作者姓名：马凡

区域景观规划
Regional Landscape Planning

● 授课对象：风景园林专业四年级
● 作业题目：风景名胜区规划设计
● 授课时长：48学时+K

课程简述

　　区域景观规划课程，关注建成环境与自然环境的关系以及内在功能的运行，强调城乡复合景观系统和谐发展的实现路径，通过建立区域复合景观系统实现城乡复合景观系统良性运转以及人与自然、人与社会可持续和谐发展。

教学目标

　　1. 掌握使区域复合景观系统具备构成典型"生态系统"所要求的整体性、多样性、开放性和共生性的相关知识，使其能够以良好的自组织能力相互协调、成长发育和共同繁荣。

　　2. 从区域建成环境与自然环境的关系和区域各内在功能运行及其相互关系的角度进行分析，建立综合了自然、社会和经济要素的区域复合景观系统的空间格局。

　　3. 引导学生充分合理地运用有关技术手段，实现城乡复合景观系统良性运转以及人与自然、人与社会可持续和谐发展。

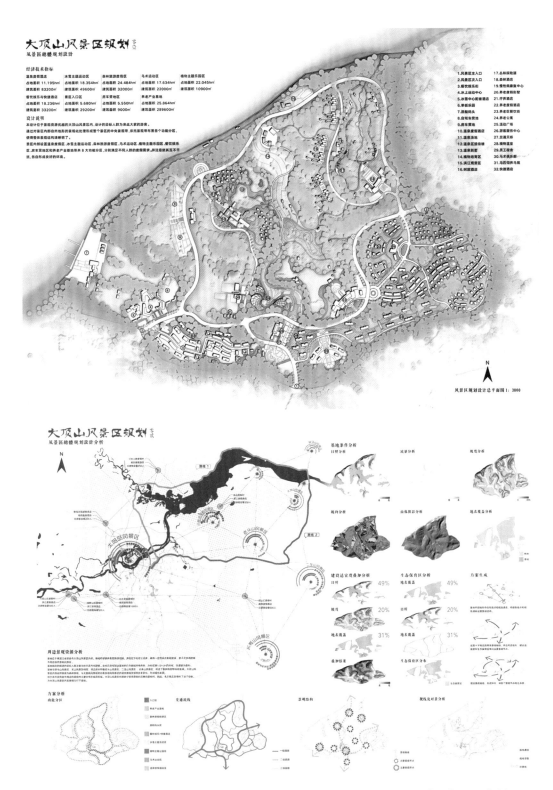

▲ 大顶山风景区规划

学生姓名：秦椿棚　马玥莹

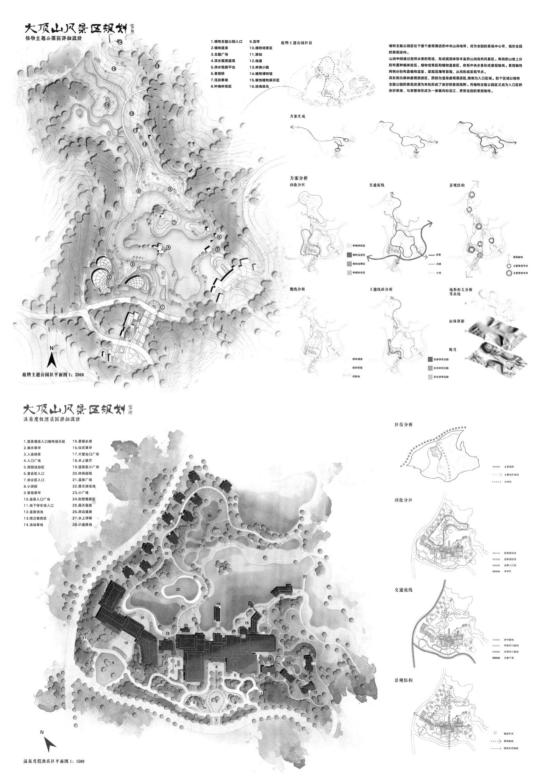

▲ 大顶山风景区规划

学生姓名：秦椿棚　马玥莹

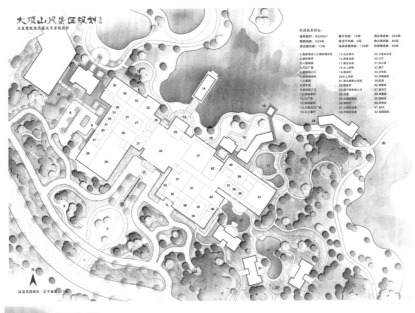

▲ 大顶山风景区规划
学生姓名：秦椿棚　马玥莹

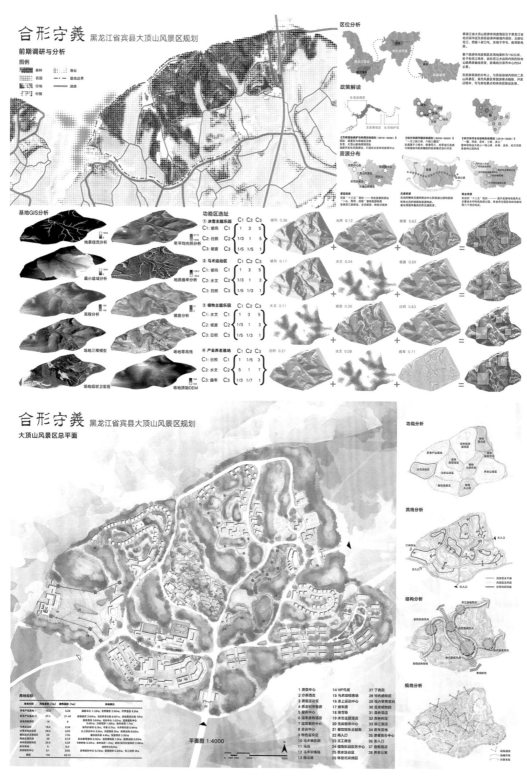

▲ 合形守义——黑龙江省宾县大顶山风景区规划

学生姓名：肖永恒　李晓昱

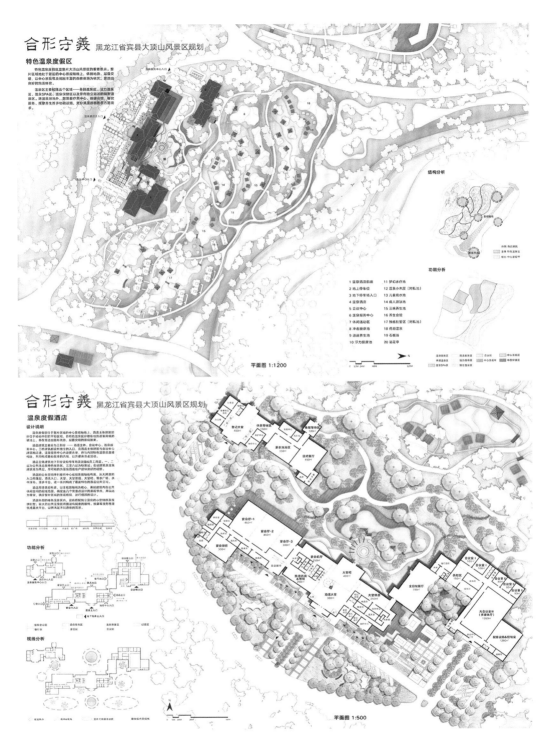

▲ 合形守义——黑龙江省宾县大顶山风景区规划
学生姓名：肖永恒　李晓昱

▲ 合形守义——黑龙江省宾县大顶山风景区规划

学生姓名：肖永恒　李晓昱

生态基础设施与城市概念规划
Ecological Infrastructure and City Concept Planning

● 授课对象：风景园林专业四年级

● 授课时长：48 学时 +K

课程简述

　　"生态基础设施与城市概念规划"课程是本科阶段设计能力训练的重要组成部分。生态基础设施（Ecological Infrastructure，简称：EI）本质上讲是城市的可持续发展所依赖的自然系统，是城市及其居民能持续地获得自然服务（nature's services）的基础，这些生态服务包括提供新鲜空气、食物、体育、游憩、安全庇护以及审美和教育等等。

教学目标

　　1. 本课程的目标是让学生了解生态基础设施，参与城市绿地规划，开拓学生思维和视野，提高学生调研与分析问题能力，熟练运用相关理论，训练生态景观设计能力，掌握学科发展的前沿理论与方法。

　　2. 规划层面，让学生对城市内一真实的设计地段进行仔细地调研，掌握分析地段生态构成及气候状况的能力。

　　3. 设计层面，掌握城市绿地系统规划的相关要求，运用景观生态学的理论与方法，对地段进行生态景观设计。

　　4. 探索一个既景色优美，又遵循自然法则，且对城市生态起到有益促进的城市发展模式。

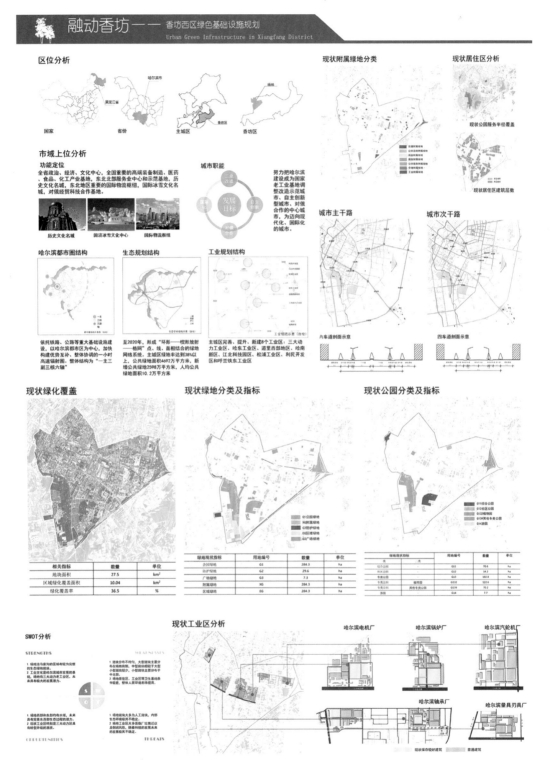

▲融动香坊 | Rongdong Xiangfang
学生姓名：查润东　王鹏涛　蔡萌

融动香坊——香坊西区绿色基础设施规划
Urban Green Infrastructure in Xiangfang District

a. 生态专项规划逻辑

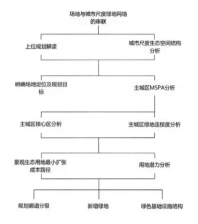

场地与城市尺度绿地网络的串联

- 上位规划解读 → 城市尺度生态空间结构分析
- 明确场地定位及规划目标 → 主城区MSPA分析
- 主城区核心区分析 → 主城区绿地连接度分析
- 景观生态用地最小扩张成本路径 → 用地潜力分析
- 规划廊道分级　新增绿地　绿色基础设施结构

b. 规划理论

MSPA研究方法

形态学空间格局分析，是基于腐蚀、膨胀、开启、闭合等数学形态学原理对栅格图像的空间格局进行度量、识别和分割的一种图像处理方法。最初应用于面向森林的景观格局应用研究，具有确定景观格局中网络要素的独特功能。依据栅格栅格单元间欧氏距离阈值，将二值栅格图像分割为7种要素：核心区(core)、孤岛(islet)、边缘(edge)、穿孔(perforation)、连接桥(bridge)、环(loop)、分支(branch)。

前景　背景

MSPA研究方法优势

1) MSPA 具有较强空间尺度兼容性，便于不同尺度规划相协调；
2) MSPA 景观要素生态涵义明确，便于实现规划指引；
3) 基于 MSPA 方法所得的结果便于实现斑块重要度评估；
4) MSPA 方法具有较强可操作性，为生态源地和生态廊道科学选取提供了一种较为便捷普适方法。

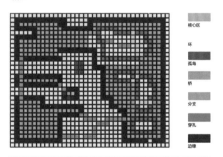

核心区
环
孤岛
桥
分支
穿孔
边缘

MSPA要素	生态学意义
核心区	大型自然斑块，是多种生态过程的"源"，为野生动物提供栖息地或迁移目的地。在城市区域中，核心区通常对应城市绿地或城市内的大型公园、自然保护区、风景名胜区等
孤岛	孤立的小斑块，其内部和核心区彼此间交流的可能性较小，相当于生态网络中的"生态飞岛"，可提供物种散布或暂留，居留功能。在生态网络中起着稀疏的作用。城市中的附属绿地如居住区绿地，街头小游园、道路广场绿地等属于此类小斑块的持续
边缘	核心区与外围绿地城市建设用地斑块之间的过渡地带。保护核心区的生态过程不受和缓自然渗透，减少外界景观人为干扰周海的冲击。具有过渡性。在城市环境中，主要表现为绿色景观与外界相对立的地带。如公园、风景名胜区外的附属林带
穿孔	核心区与其内部城市建设用地斑块间的过渡地带。是核心区绿色景观受到人类活动影响或自然斑块系统的影响而出现缝隙破碎斑化的边缘地带
连接桥	连接网络核心的廊道。是核心区斑块间进行物种扩散和能量交流的通道。在城市景观中多表现为带状绿地，如绿化带、防风林带、河流绿化带
环	连通同一核心区内部的廊道。是核心区斑块内部进行物种扩散和能量交流的通道。在城市景观中多表现为自然保护区或公园等内部的连接绿化带
分支	连续核心区斑块与其图景观的通道。是核心区斑块与其外围景观进行物种扩散和能量交流的通道。在城市景观中多表现为连接城市居住区或商业地或城市公园等之间的路随绿化带

c. 生态专项规划目标

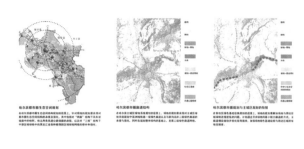

哈尔滨都市圈生态空间规划　哈尔滨市圈廊道结构　哈尔滨都市圈规划与主城区规划的衔接

d. 市域尺度生态分析

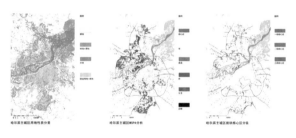

哈尔滨主城区用地属性差分析　哈尔滨主城区MSPA分析　哈尔滨主城区绿地核心区分级

e. 生态专项方案生成

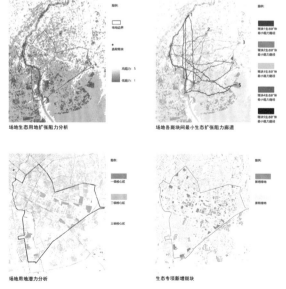

场地生态用地扩张阻力分析　场地各斑块间最小生态扩张阻力廊道

场地用地潜力分析　生态专项新增斑块

▲ 融动香坊 | Rongdong Xiangfang
学生姓名：查润东　王鹏涛　蔡萌

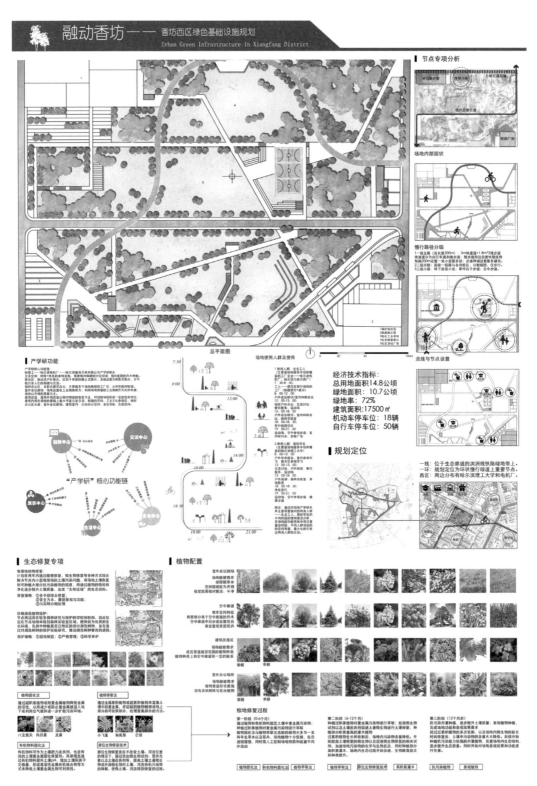

▲融动香坊 | Rongdong Xiangfang
学生姓名：查润东　王鹏涛　蔡萌

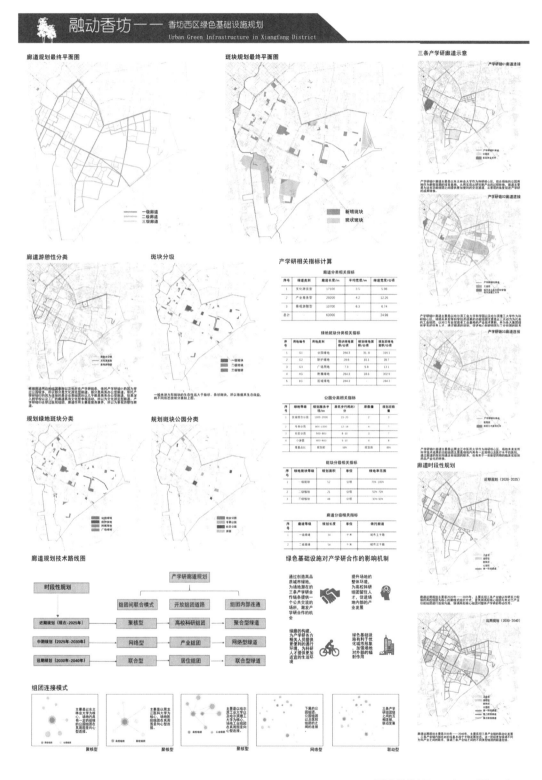

▲ 融动香坊 | Rongdong Xiangfang
学生姓名：查润东　王鹏涛　蔡萌

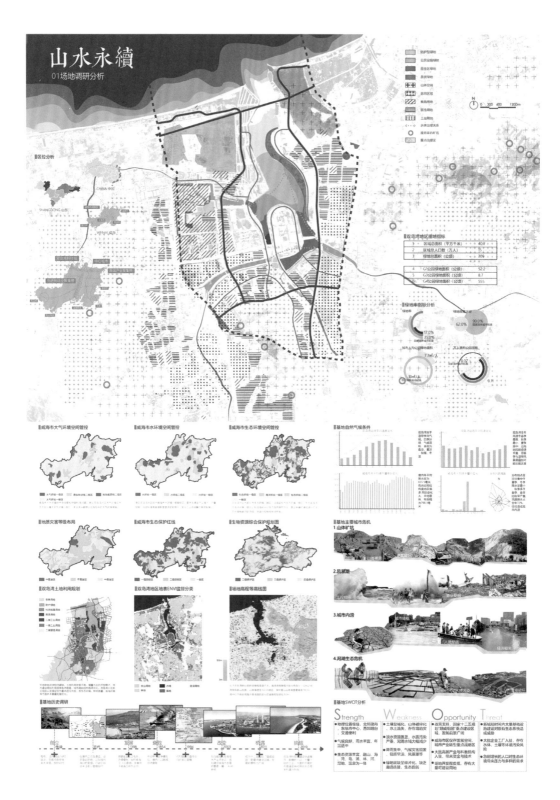

▲ 山水永续 | Mountains and Waters Will Last Forever

学生姓名：黄志彬 薛博洋 沈孙乐 杜玥珲

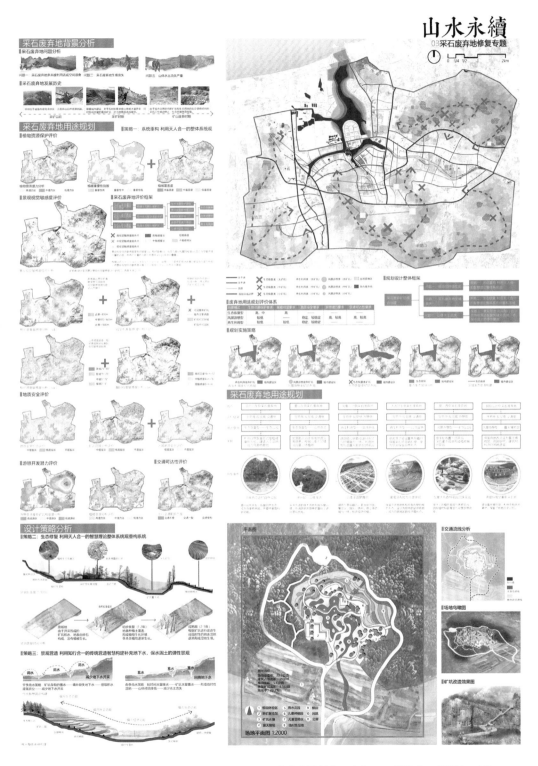

▲ 山水永续 | Mountains and Waters Will Last Forever
学生姓名：黄志彬　薛博洋　沈孙乐　杜玥珲

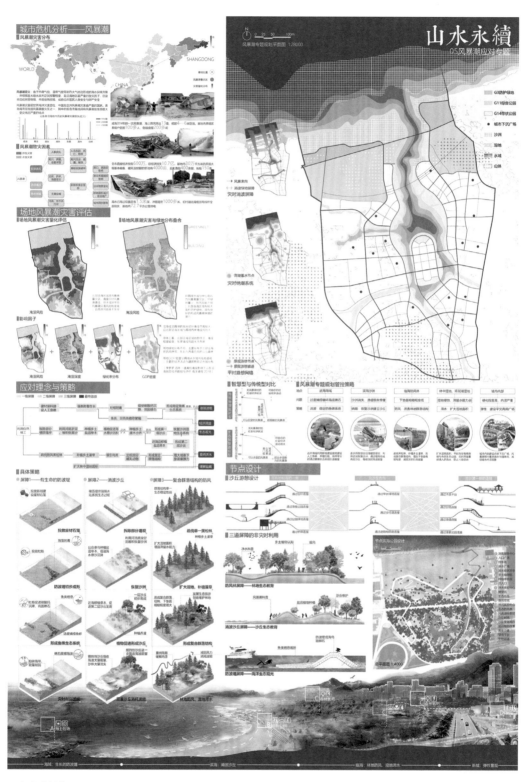

▲ 山水永续 | Mountains and Waters Will Last Forever
学生姓名：黄志彬　薛博洋　沈孙乐　杜玥珲

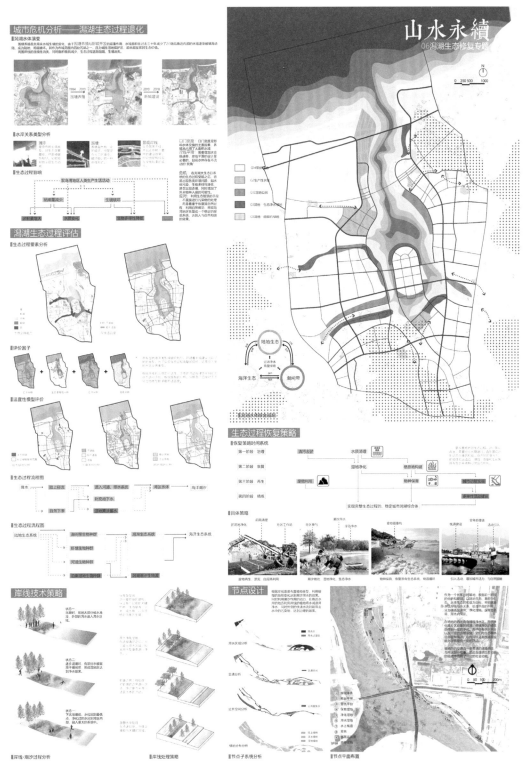

▲ 山水永续 | Mountains and Waters Will Last Forever

学生姓名：黄志彬　薛博洋　沈孙乐　杜玥珲

健康慢城，雪域漫行

指导老师：吴远翔   小组成员：文澜 张悦惊 宋婵 关凯丹

哈尔滨香坊区绿色基础规划 >>>

Urban Green Infrastructure in Xiangfang District

2 现状调研

5》 廊道分析

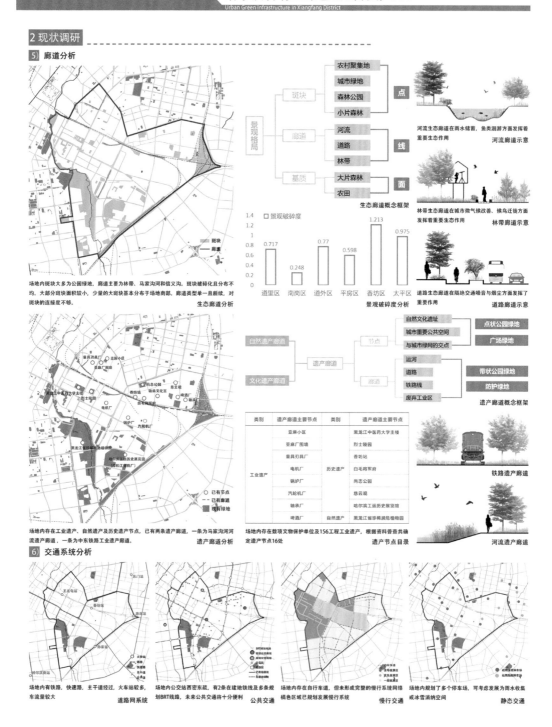

场地内斑块多为公园绿地，廊道主要为林带、马家沟河和信义沟。斑块破碎化且分布不均、大部分斑块面积较小，少量的大斑块基本分布于场地南部，廊道类型单一且断续，对斑块的连接度不够。
生态廊道分析

生态廊道概念框架

河流生态廊道在雨水储蓄，鱼类洄游方面发挥着重要生态作用
河流廊道示意

林带生态廊道在城市微气候改善、候鸟迁徙方面发挥着重要生态作用
林带廊道示意

景观破碎度分析

道路生态廊道在隔绝交通噪音与烟尘方面发挥了重要作用
道路廊道示意

场地内存在工业遗产、自然遗产及历史遗产节点，已有两条遗产廊道，一条为马家沟河河流遗产廊道，一条为中东铁路工业遗产廊道。
遗产廊道分析

遗产廊道概念框架

场地内存在数项文物保护单位及156工程工业遗产，根据资料普查共确定遗产节点16处。
遗产节点目录

类别	遗产廊道主要节点	类别	遗产廊道主要节点
工业遗产	亚麻小区	历史遗产	黑龙江中医药大学主楼
	亚麻厂围墙		烈士陵园
	量具刃具厂		香坊站
	电机厂		白毛将军府
	锅炉厂		周志公园
	汽轮机厂		慈云观
	轴承厂		哈尔滨工运历史展览馆
	啤酒厂	自然遗产	黑龙江省珍稀濒危植物园

铁路遗产廊道

河流遗产廊道

6》 交通系统分析

场地内有铁路，快速路，主干道经过，火车站较多，车流量较大。
道路网系统

场地内公交站西密东疏，有2条在建地铁线及多条规划BRT线路，未来公共交通将十分便利。
公共交通

场地内存在自行车道，但未形成完整的慢行系统网络，橘色区域已规划发展慢行系统。
慢行交通

场地内规划了多个停车场，可考虑发展为雨水收集或冰雪消纳空间。
静态交通

▲ 健康慢城，雪域漫行 | Healthy Slow City, Full of Snow
学生姓名：文澜   张悦惊   关凯丹   宋婵

健康慢城，雪域漫行

指导老师：吴远翔　　小组成员：文澜　张悦惊　宋婵　关凯丹

哈尔滨香坊区绿色基础规划
Urban Green Infrastructure in Xiangfang District　>>>

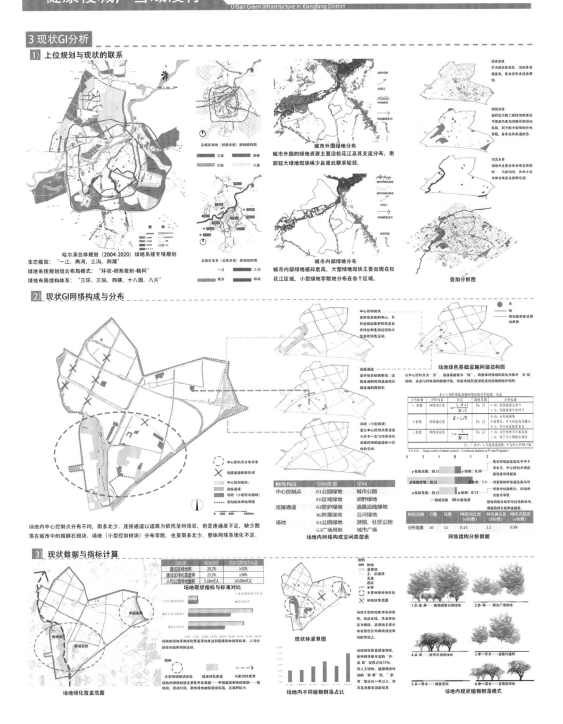

▲ 健康慢城，雪域漫行 | Healthy Slow City, Full of Snow
学生姓名：文澜　张悦惊　关凯丹　宋婵

健康慢城，雪域漫行

指导老师：吴远翔　　小组成员：文澜 张悦惊 宋婵 关凯丹

哈尔滨香坊区绿色基础规划
Urban Green Infrastructure in Xiangfang District >>>

1 节点一总平面图 复合线性道路绿色空间设计

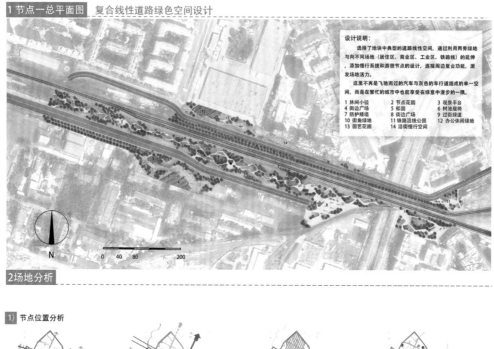

设计说明：

　　选择了地块中典型的道路线性空间，通过利用两旁绿地与向不同场地（居住区、商业区、工业区、铁路线）的延伸，添加慢行系统和游憩节点的设计，连接周边复合功能，激发场地活力。

　　这里不再是飞驰而过的汽车与灰色的车行道组成的单一空间，而是在繁忙的城市中也能享受在绿意中漫步的一隅。

1 林间小径	2 节点花园	3 观景平台
4 街边广场	5 松园	6 树池座椅
7 防护缓坡	8 街边广场	9 过街绿道
10 街角绿地	11 铁路沿线公园	12 办公休闲绿地
13 园艺花圃	14 沿街慢行空间	

N 0 40 80 200

2 场地分析

1) 节点位置分析

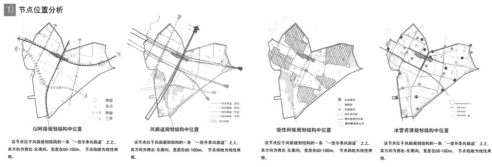

GI网络规划结构中位置

该节点位于风廊道规划结构的一条"一级冬季风廊道"上，其方向为西北-东南向，宽度为60-100m，节点场地为线性用地。

风廊道规划结构中位置

该节点位于风廊道规划结构的一条"一级冬季风廊道"上，其方向为西北-东南向，宽度为60-100m，节点场地为线性用地。

慢性网络规划结构中位置

该节点位于风廊道规划结构的一条"一级冬季风廊道"上，其方向为西北-东南向，宽度为60-100m，节点场地为线性用地。

冰雪资源规划结构中位置

该节点位于风廊道规划结构的一条"一级冬季风廊道"上，其方向为西北-东南向，宽度为60-100m，节点场地为线性用地。

2) 现状问题分析

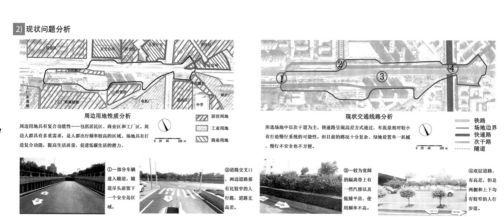

周边用地性质分析

周边用地具有复合功能性——包括居民区、商业区和工业区。周边人群具有多重需求，是人群出行频率较高的区域。场地具有打造复合功能性，提高生活质量，促进低碳生活的潜力。

居住用地　工业用地　商业用地

现状交通线路分析

所选场地以次于道为主，快速路呈现高差方式建设，车流量相对较小有打造慢行系统的可能性。但目前的路况十分复杂，绿路设置单一机械，慢行不安全也不方便。

铁路　场地边界　快速路　次于道　隧道

①一部分车辆进入隧道，隧道尽头留下一个安全岛区域。

②道路交叉口，两边道路都有比较窄的人行路，道路无高差。

③较为宽阔的隔离带上有一些汽修以及低碳平房，使用频率不高。

④双层道路，有高差，但是两侧和上下均有较窄的人行步道。

▲ 健康慢城，雪域漫行 | Healthy Slow City, Full of Snow
学生姓名：文澜　　张悦惊　　关凯丹　　宋婵

健康慢城，雪域漫行

指导老师：吴远翔　　小组成员：文澜 张悦惊 宋婵 关凯丹

哈尔滨香坊区绿色基础规划 >>>

Urban Green Infrastructure in Xiangfang District

3 节点一设计

1) 设计目标

UGI规划目标	**场地现状问题和潜力**	**设计目标**
充分利用道路两侧绿地、街头交地、边角等城市灰色空间，实现高覆盖率的公园绿地布局。	场地多处可以利用的灰色空间，包括街角打理不善的绿地，工业区附近植被被杂乱的绿地，以及道路两侧相对较宽的防护绿地，但是都未发挥游憩作用。	高质量的游憩环境，充分利用的边角空间——通过重新设计绿地，满足周边居民的游憩需求，成为日常休闲的高质量景观。
强化慢行系统，完善安全通达的骑行网络和舒适便捷的步行网络，促进市民锻炼并引导低碳生活。	场地内交通现状复杂，慢行网络连接度差，安全舒适和便捷度都不高，但是道路两旁有一些人行道路，有创造慢行网络的可能性。	完善的慢行性能，提倡健康生活方式——通过设计绿地，连接复杂交通策略，让人在舒适安全的氛围里享受城市生活，增加人们选择低碳出行的可能性。
融励工业遗产可持续化活化利用，结合城市绿廊和慢行系统，打造工业遗产游憩带和生态游憩带。	场地周边用地性质多样，有两个工厂区域，并且都有绿地相连，可以通过绿地创造一个宜人的空间，结合绿廊和慢行，发挥粘合和活化剂的功能。	连接复合功能，激发周边活力——通过城市的绿地，给周边不同适用人群提供一个社交休闲的场所，成为游憩带中不可缺少的一段。
结合寒地特色调整绿化方式，配合防护绿地构建适应冬季的开放空间，依托绿地建立多级冰雪收集系统，促进资源再利用。	场地内多块绿地以及道路两侧绿地可以作为多级冬季冰雪收集系统的依托和支撑，同时多样的空间构成，可以探索适应冬季的开放空间的设计方式。	冰雪收集范点，特色雪地开放空间——通过在场地中设计多种冰雪消纳设施，同时打造多种寒地特色的空间，适应冬季的特殊环境。

2) 设计策略

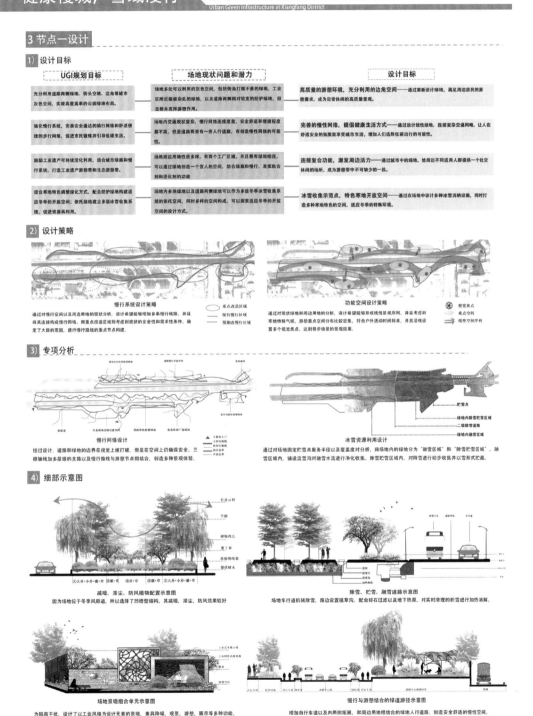

慢行系统设计策略

通过对慢行空间以及与周边用地的现状分析，设计希望能够增加多条慢行线路，并且将其连接构成慢行通路，重点改造区或者同时考虑到现状的安全性和需求条件，确定了大致的范围，进行慢行路线的重点节点构建。

● 重点改造区域　○ 现有慢行区域　━ 现有慢行区域　━ 预期改造慢行区域

功能空间设计策略

通过对现状绿地和周边用地的分析，设计希望能够形成线性景观序列，并且考虑到寒地特殊气候，游憩重点空间分布比较密集，符合户外活动时间标准，并且沿线设置多个视觉焦点，达到移步换景的景观效果。

⊙ 视觉焦点　● 重点空间　→ 线性空间序列

3) 专项分析

慢行网络设计

径过设计，道路和绿地的边界在视觉上被打破，但是在空间上仍确保安全，三根轴线加多层级的支路以及慢行路线与游憩节点相结合，创造多种景观体验。

▲ 主要入口　… 工作流线　… 生态游线　… 商业游线　… 历史游线

冰雪资源利用设计

通过对场地固定贮雪点服务半径以及需盖率分析，将场地内的绿地分为"融雪区域"和"除雪贮雪区域"。融雪区域内，铺设流雪沟对融雪水流进行净化收集，除雪贮雪区域内，对降雪进行初步收集并以雪形式贮藏。

・ 贮雪点　━ 绿地内除雪贮雪区域　━ 二级除雪道路　━ 绿地内融雪区域

4) 细部示意图

减噪、滞尘、防风植物配置示意图

因为场地位于冬季风廊道，所以选择了凹槽型结构，其减噪，滞尘，防风效果较好

除雪、贮雪、融雪道路示意图

场地车行道机械除雪，路边设置植草沟，配合碎石过滤以及地下热泵，对实时清理的积雪进行加热消融。

场地景墙组合单元示意图

为隔离干扰，设计了以工业风格为设计元素的景墙，兼具降噪，观景，游憩，展示等多种功能。

慢行与游憩结合的绿道游径示意图

增加自行车道以及向两侧拓展，和周边用地相结合的绿色人行道路，创造安全舒适的慢性空间。

▲ 健康慢城，雪域漫行 | Healthy Slow City, Full of Snow

学生姓名：文澜　张悦惊　关凯丹　宋婵

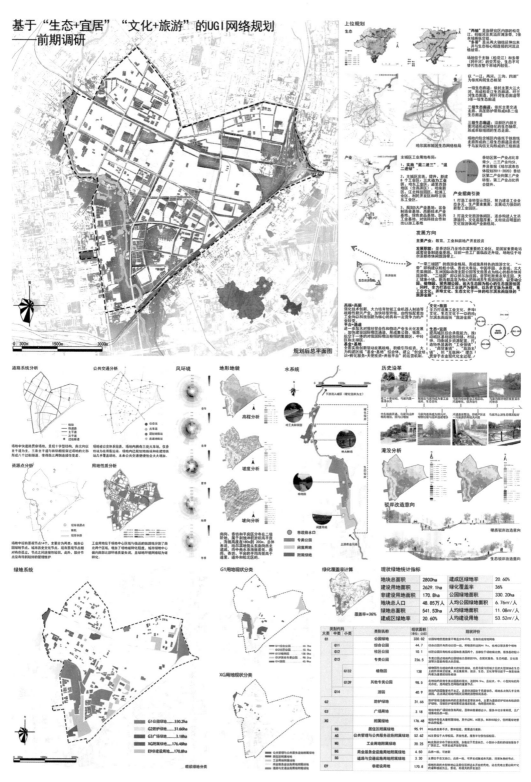

▲ 基于"生态＋宜居""文化＋旅游"的UGI网络规划

学生姓名：邓颖升　马凡　周龙研

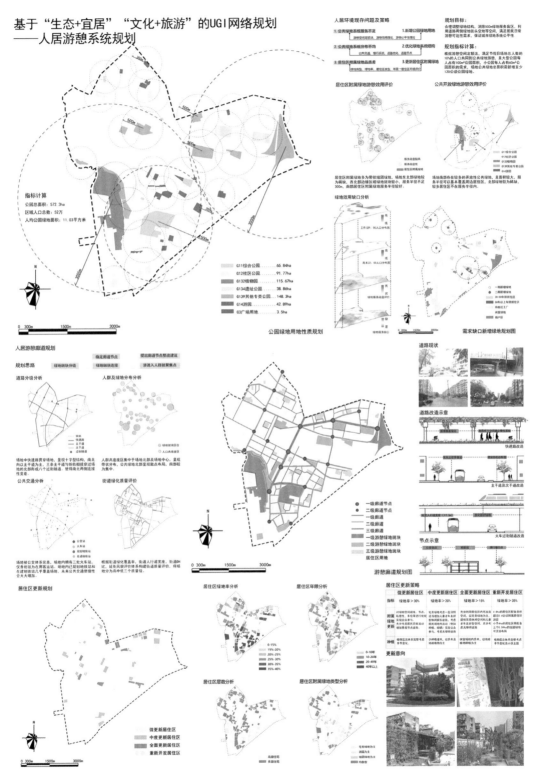

▲ 基于"生态＋宜居""文化＋旅游"的 UGI 网络规划
学生姓名：邓颖升　马凡　周龙研

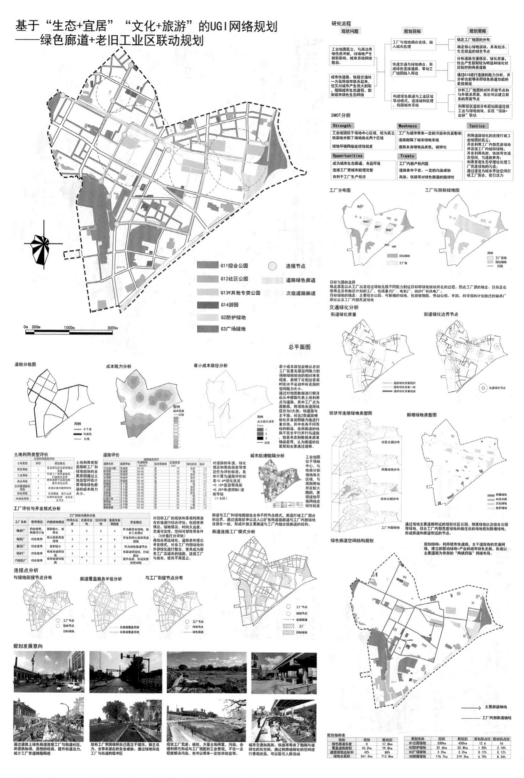

▲ 基于"生态＋宜居""文化＋旅游"的UGI网络规划

学生姓名：邓颖升　马凡　周龙研

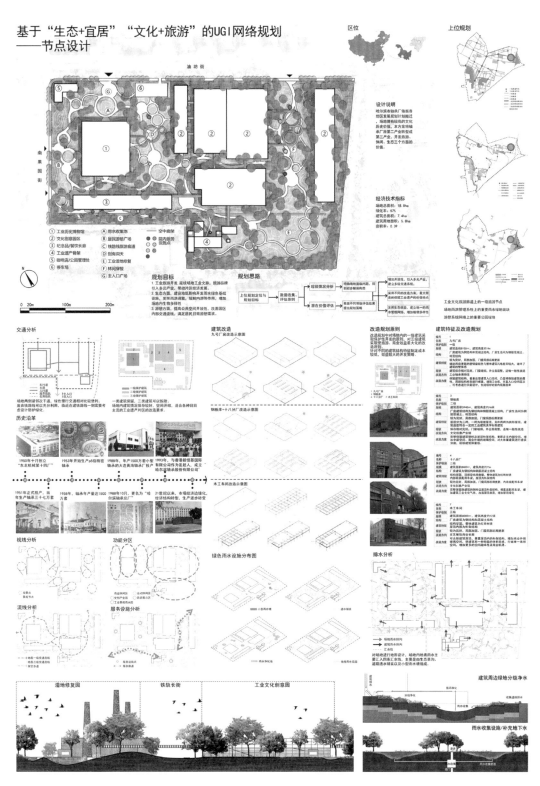

基于"生态+宜居""文化+旅游"的UGI网络规划
——节点设计

▲ 基于"生态 + 宜居""文化 + 旅游"的 UGI 网络规划
学生姓名：邓颖升　马凡　周龙研

3.5 本科五年级优秀作业

Excellent Assignments for the 5th Grade

毕业设计
Graduation Project

● 授课对象：风景园林专业五年级

● 授课时长：14周

课程简述

　　毕业设计是风景园林专业本科课程中重要的实践教学环节，也是学生毕业及学位资格认证的重要依据。

教学目标

　　1. 能够应用自然和社会科学知识、规划设计理论与原理以及相关工程知识，通过科学的技术和方法，识别、表达、分析风景园林规划设计问题，以获得有效结论。

　　2. 能够针对风景园林复杂工程问题和需求，综合考虑生态、经济、环境、社会、文化、技术、艺术等因素，提出具有创造力的解决方案。

　　3. 能够理解、评价针对复杂工程问题的风景园林工程实践，对环境和社会可持续发展的影响。

　　4. 能够在多学科背景的团队中承担相应的角色和责任，能够组织、领导或配合团队完成工作。

2020 年毕业设计

本次联合毕业设计选题为天坛"三南"外坛腾退后的"旧城更新"景观设计，聚焦于"文化遗产的完整性保护""和谐宜居之区"以及"天坛文化探访绿道"等关键词，以展示现代城市文化与"天地神祇，敬畏自然"的传统文化为目标，服务于首都的城市、文化建设，贡献全国 10 所风景园林专业高校的集体智慧。

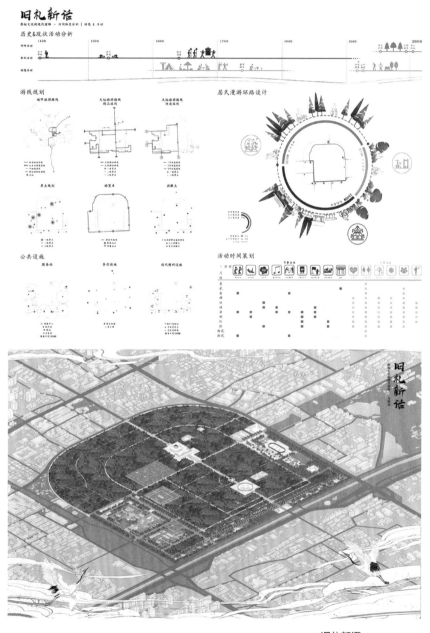

▲ 旧礼新语
学生姓名：袁媛　张书雅

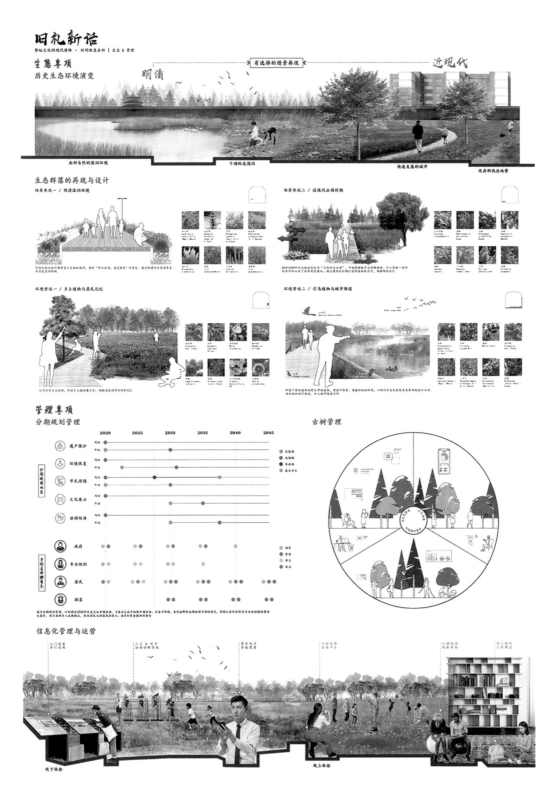

▲ 旧礼新语
学生姓名：袁媛　张书雅

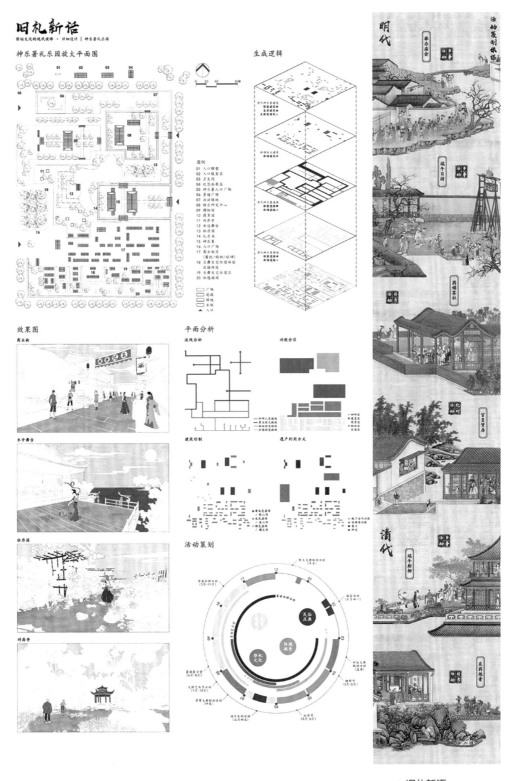

▲旧礼新语
学生姓名：袁媛　张书雅

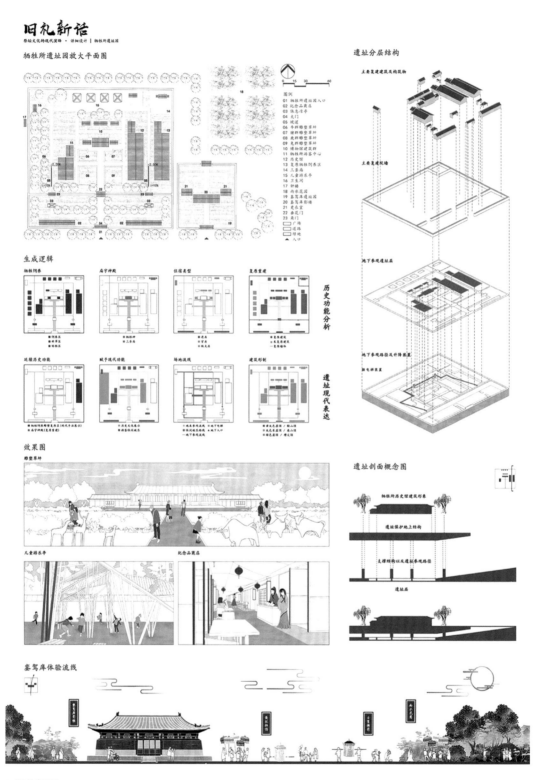

▲ 旧礼新语
学生姓名：袁媛　张书雅

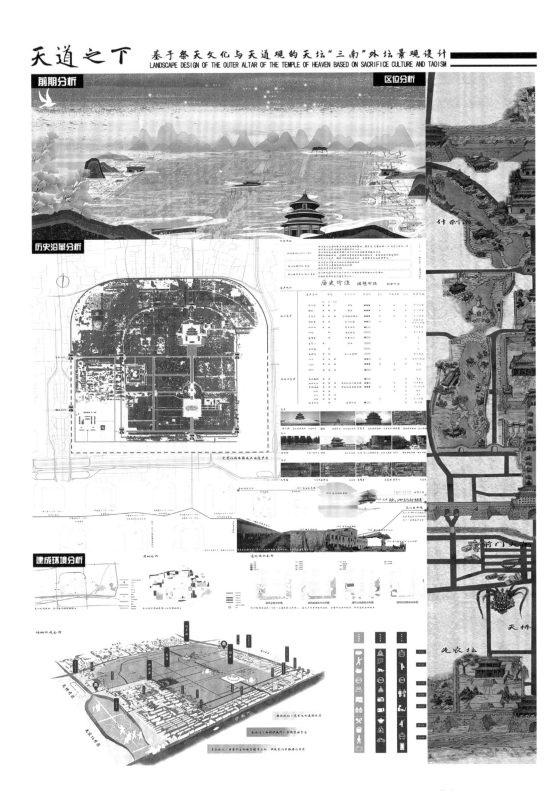

▲ 天道之下

学生姓名：叶秋彤　沈素宇

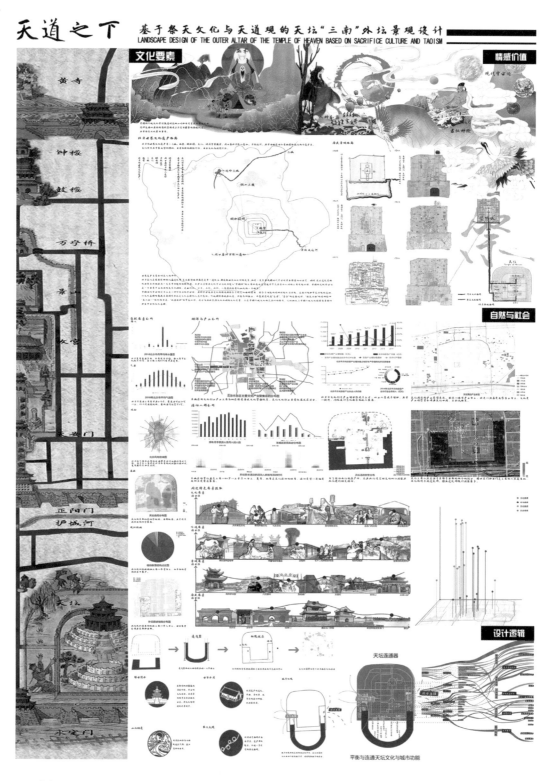

▲ 天道之下
学生姓名：叶秋彤　沈素宇

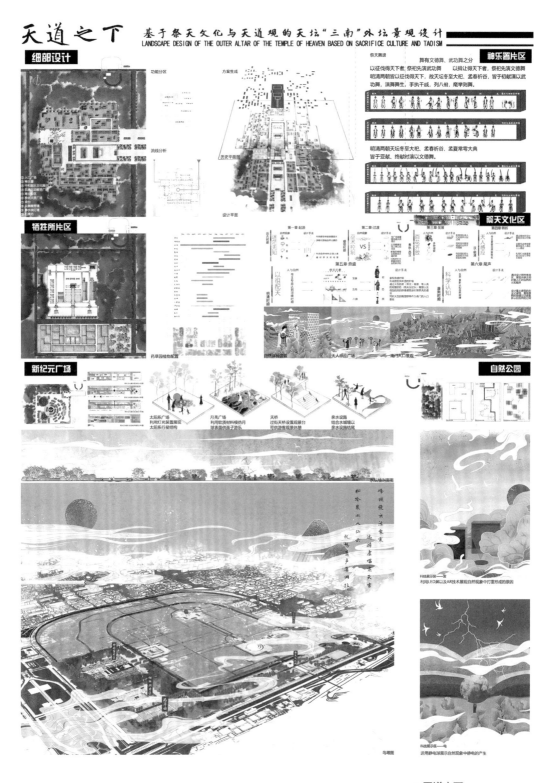

▲ 天道之下
学生姓名：叶秋彤　沈素宇

天道之下
基于祭天文化与天道观的天坛"三南"外坛景观设计
LANDSCAPE DESIGN OF THE OUTER ALTAR OF THE TEMPLE OF HEAVEN BASED ON SACRIFICE CULTURE AND TAOISM

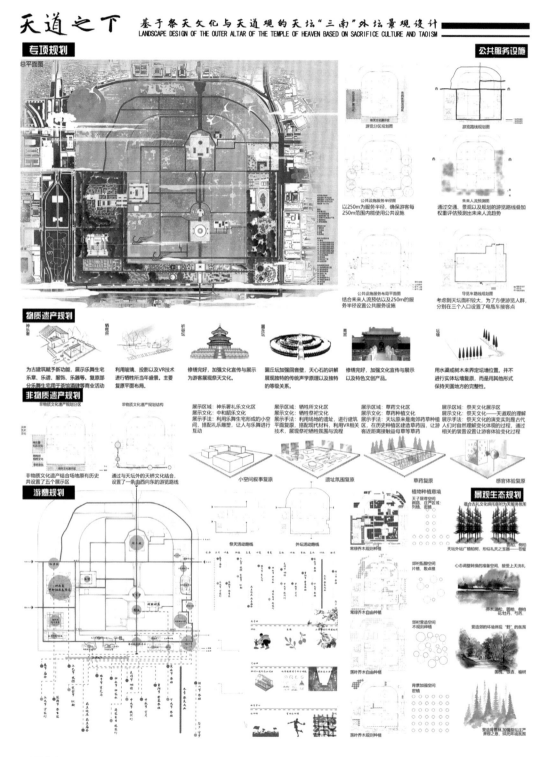

专项规划

总平面图

公共服务设施

游览分区规划图

以250m为服务半径，确保游客每250m范围内能使用公共设施

游览路线规划图

未来人流预测图

通过交通、景观以及规划的游览路线叠加权重评估预测出未来人流趋势

公共设施服务布局平面图

结合未来人流预估以及250m的服务半径设置公共服务设施

导览车路线规划图

考虑到天坛面积较大，为了方便游览人群，分别在三个入口设置了电瓶车接客点

物质遗产规划

神乐署

为古建筑赋予新功能，展示乐舞生宅乐章、乐谱、服饰、乐器等。复原部分乐舞生宅用于茶馆酒肆等商业活动

牺牲所

利用玻璃、投影以及VR技术进行牺牲所当年盛况展示。主要复原平面布局。

祈谷坛

修缮完好，加强文化宣传与展示为游客展现祭天文化。

圜丘

圜丘加强回音壁，天心石的讲解展现场独特的传统声学原理以及独特的等级关系。

泰元

修缮完好，加强文化宣传与展示以及特色文创产品。

坛墙

用水灌或树木来界定坛墙位置，并不进行实体坛墙复原，而是用其他形式保持天圆地方的完整性。

非物质遗产规划

非物质文化遗产规划分区

非物质文化遗产结合场地原有历史共设置了五个展示区

通过与天坛外的天桥文化结合，设置了一条由西向东的游览路线

展示区域： 神乐署礼乐文化区
展示文化： 中和韶乐文化
展示手法： 利用乐舞生宅形成的小空间，搭配礼乐雕塑，让人与乐舞进行互动

小空间叙事复原

展示区域： 牺牲所文化区
展示文化： 牺牲祭祀文化
展示手法： 利用场地地的遗址，进行建筑平面复原，搭配现代材料，利用VR相关技术，展现祭牺牲氛围与流程

遗址氛围复原

展示区域： 草药文化区
展示文化： 草药种植文化
展示手法： 天坛原来是南郊药草种植区域，在历史种植区建造药园，让游客近距离接触益母草等草药

草药复原

展示区域： 祭天文化展示区
展示文化： 祭天文化——天道观的理解
展示手法： 祭天文化的演变实则是古代人们对自然理解变化体现的过程，通过相关的装置设置让身体体验变化的过程

感官体验复原

游憩规划

祭天活动路线

外坛活动路线

常绿乔木组团种植

常绿乔木自由种植

落叶乔木自由种植

落叶乔木组团种植

植物种种植境域

天子祭祖广场柏树阵，形成庄严肃穆氛围

郊柏造酣空间片植、散点植

郊柏营造空间不规则种植

背景加强空间密植

景观生态规划

融合古礼文化烘托庄严肃穆的氛围

天坛外坛广场柏树阵，形成礼乐之圣器——苍璧

心志调整转换的准备空间，接受上天洗礼

乔木湿地、圆柏、侧柏、花旗松、芍药

营造郊的环境纯粹"野"的氛围

圆柏、侧点、榆树

营造背景树林，加强环绕坛区严谨肃穆之意，烘托环境氛围

▲ 天道之下

学生姓名：叶秋彤 沈素宇

　　新型冠状病毒肺炎席卷全球，处于疫情中的城市，缺乏完善的防灾防疫应急体系。配套设施滞后、应变系统不完善，以至于疫情来临时城市瘫痪事件屡屡发生，为了城市抗疫防灾健康可持续地发展，"韧性"（resilience）理念在城市规划之中显得十分重要。后疫情时代，"韧性社区"有其发展的必要性。通过调研可知，具有韧性的社区相较于没有韧性的社区，对于灾害有一定的抵御能力。因此，韧性社区是时代发展的需要。

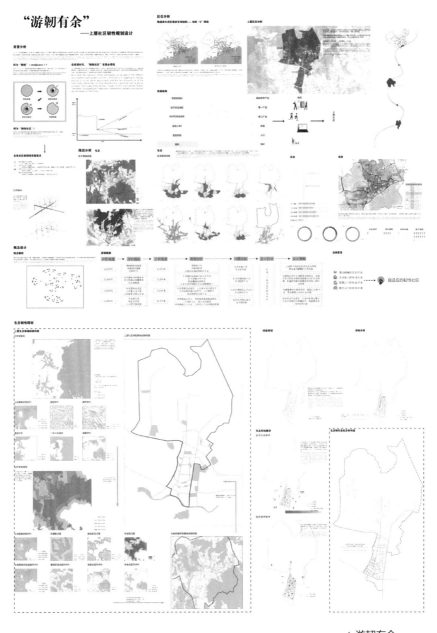

▲ 游韧有余
学生姓名：李伊凡

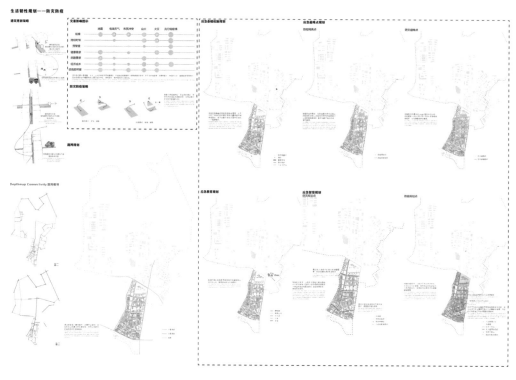

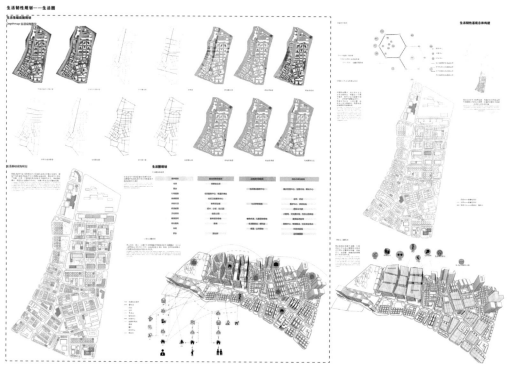

▲ 游韧有余

学生姓名：李伊凡

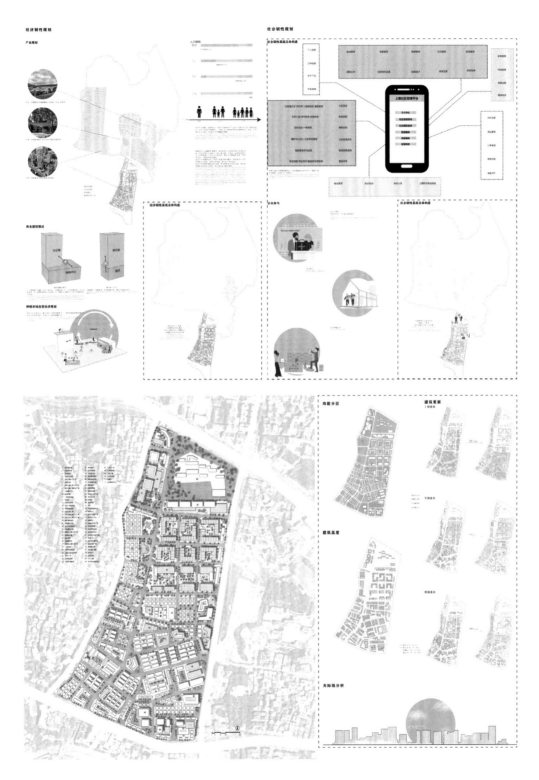

▲ 游韧有余

学生姓名：李伊凡

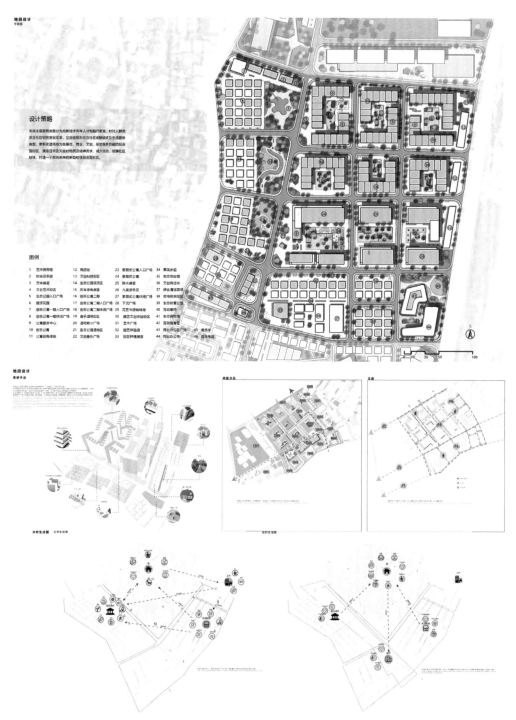

▲ 游韧有余

学生姓名：李伊凡

2018年毕业设计

本设计题目不仅注重历史遗产的保护与利用，同时结合"城市双修"大背景，对滨水工业废弃地哈尔滨北方船厂进行景观规划设计，分析基地环境和周边环境的现状和历史，尤其注重拟保留的船厂码头、构筑物、设施等遗产资源的保护性开发利用，营造一个可以承载商业、生态、休闲、文化等功能的场所，满足当代城市多样化生活的需求。

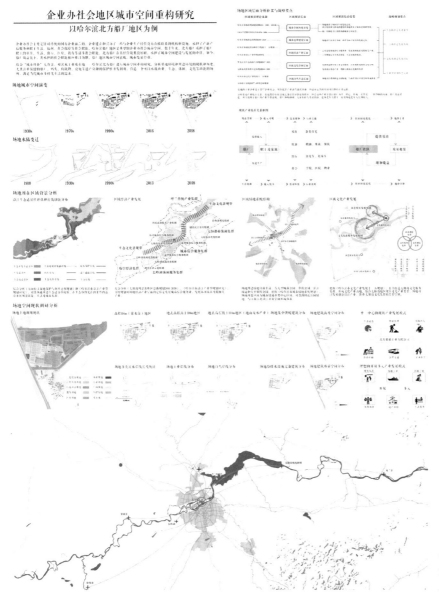

◀企业办社会地区
城市空间重构研究
学生姓名：张浩

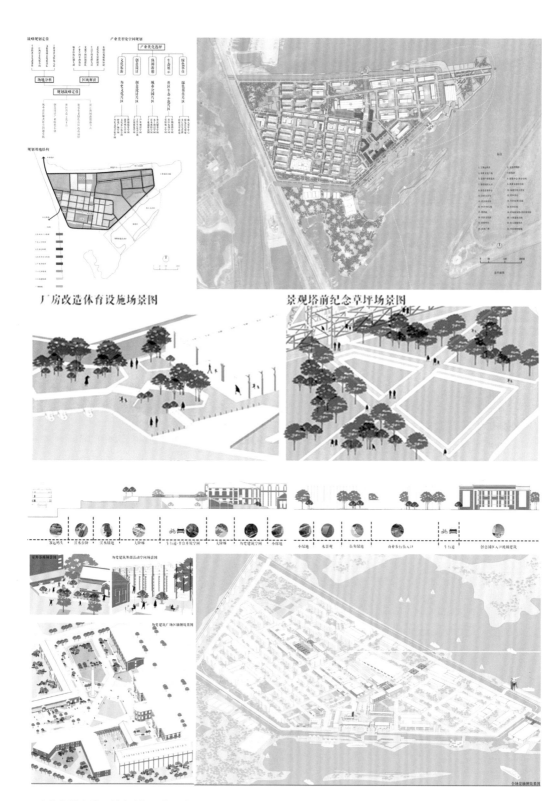

▲ 企业办社会地区城市空间重构研究
学生姓名：张浩

弹性适应：北方船厂地区更新设计研究
Resilience and Adaptation: A Design Study for Northern Shipyard

01 区位分析 LOCATION

02 场地问题 THE SYMPTOM

问题 1：城市建设对自然水文过程缺少适应

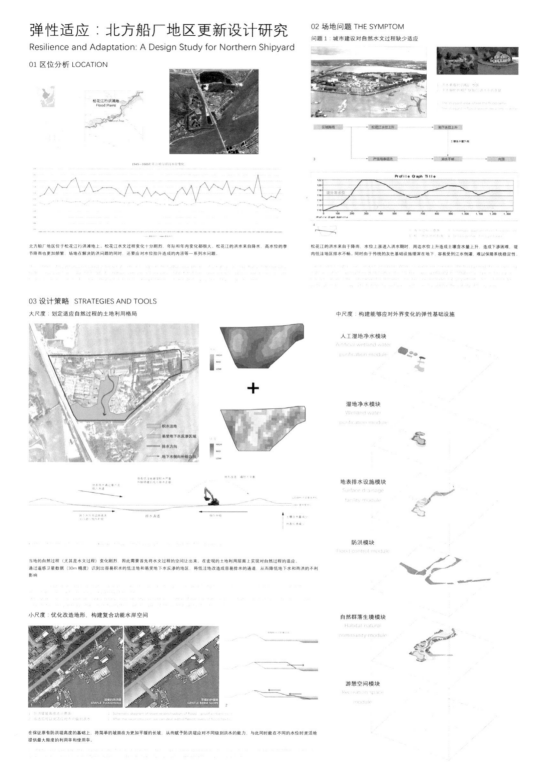

北方船厂地区位于松花江行洪滩地上。松花江水文过程变化十分剧烈，年际和年内变化都很大。松花江的洪水来自降水，高水位的季节降雨也更加频繁。场地在解决原有的泄洪问题的同时，还要应对水位抬升造成的内涝等一系列水问题。

松花江的洪水来自于降雨，水位上涨进入洪水期时，周边水位上升造成下渗困难，堤内低注地排水不畅，同时由于传统的灰色基础设施埋深在地下，容易受到江水倒灌，难以保障系统稳定性。

03 设计策略　STRATEGIES AND TOOLS

大尺度：划定适应自然过程的土地利用格局

中尺度：构建能够应对外界变化的弹性基础设施

人工湿地净水模块
Artificial wetland water purification module

湿地净水模块
Wetland water purification module

地表排水设施模块
Surface drainage facility module

防洪模块
Flood control module

自然群落生境模块
Habitat natural community module

游憩空间模块
Recreation space module

当地的自然过程（尤其是水文过程）变化剧烈，因此需要首先将水文过程的空间让出来，在宏观的土地利用层面上实现对自然过程的适应。通过遥感卫星数据（30m 精度）识别出容易积水的低注地和易受地下水反渗的地区，将低注地改造成容易排水的通道，从而降低地下水和雨洪的不利影响

小尺度：优化改造地形，构建复合功能水岸空间

在保证原有防洪堤高度的基础上，将简单的坡面改为更加平缓的长坡，从而赋予防洪堤应对不同级别洪水的能力。与此同时能在不同的水位时灵活地提供最大限度的利用率和使用率。

▲ 弹性设计：北方船厂地区更新设计研究
学生姓名：付豪

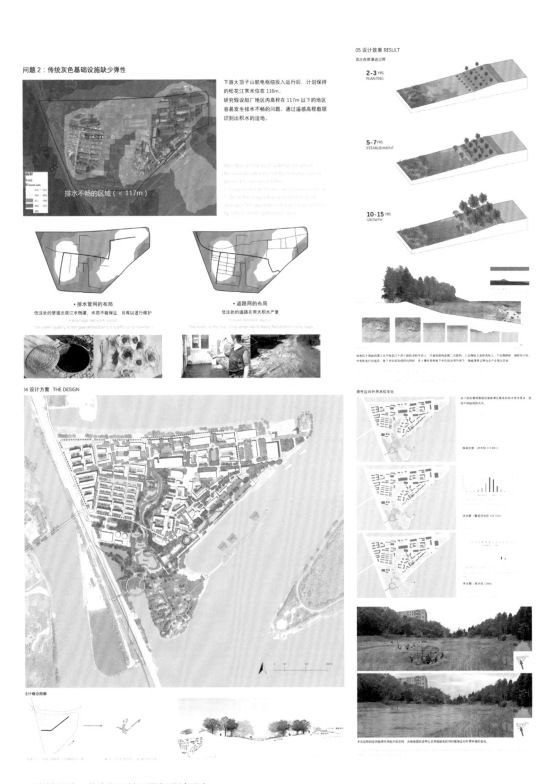

▲ 弹性设计：北方船厂地区更新设计研究
学生姓名：付豪

2017 年毕业设计

七台河工业园区以打造成为"SEE"复合产业园区为目标，基于社会、经济、生态复合型产业工业园区概念对产业园公共开敞空间、公共服务设施、慢行交通体系、公共交通体系以及绿色基础设施等功能配置与布局，促进经济增长，引导园区企业职工和居民养成健康的工作、生活模式。并以生态城市的可持续性为指导，合理地配置资源，保持产业集聚区空间发展的长久可持续性和健康性。注重对自然生态环境的保护，维护生态的稳定性，延长产业链，节约和集约利用资源。

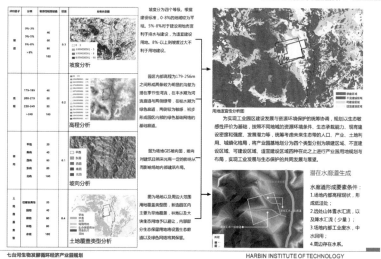

▲ 七台河生物发酵循环经济产业园规划
学生姓名：杨明阳　张晓雪

七台河生物发酵循环经济产业园规划   HARBIN INSTITUTE OF TECHNOLOGY

3.7 景观系统规划图

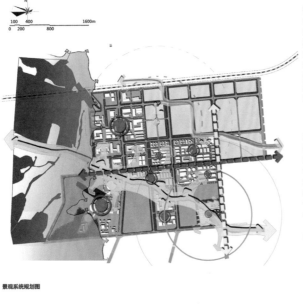

园区生态资源丰富，植被覆盖完整，南临马鞍山，北临洪部山，东侧为挖金别河，内部有与洪部山相连的林地资源，绿地系统以点线面结合为骨架；山体，河流及滨河绿化构成绿地系统中的面状结构层面；小面积绿地分布于各个厂区中，相互呼应.

园区内有两条河道通过根据地形，原有的道路等因素，构建园区道路系统并形成主要、次要两条轴线。提供生活服务区一处，并考虑产业园区长久的发展，预留拟建设生活服务区一处，为各种产业园区提供合适的场地。

图例：

山林自然景观   景观主轴线
水生境   景观次轴线
滨河绿地渗透   生态公园
防护绿地   拟建设生态公园

景观系统规划图

七台河生物发酵循环经济产业园规划   HARBIN INSTITUTE OF TECHNOLOGY

▲ 七台河生物发酵循环经济产业园规划
学生姓名：杨明阳　张晓雪

4.2 园区文化规划图 1

生态文化

七台河市草木茂盛，森林覆盖率为48.6%。山药材、山野菜极为丰富，野生珍稀动物长年栖息在密林中。

煤矿文化

七台河市矿产资源丰富，全市共有煤矿282处，是全国三大焦煤生产基地之一。缘煤而生，缘煤而兴。

规划用地内建造动物造型的五色草花坛且搭配不同的乔、灌木，不仅可以体现七台河市动、植物种类的多样性，更能塑造景观植物色相的变化。

河道两侧种植高大的乔木，冬季河面上的水气受冷在树枝凝结成水晶，形成美丽的雾凇。从而体现七台河市独特的生态文化。

河道两侧种植高大的乔木，冬季河面上的水气受冷在树枝凝结成水晶，形成美丽的雾凇。从而体现七台河市独特的生态文化。

规划用地内建造铜质煤矿工人雕塑不仅可以体现七台河市独特的煤矿文化，也可以体现出煤矿工人吃苦耐劳、艰苦奋斗的伟大精神。

规划用地内建造煤矿文化艺术长廊向市民展示了七台河市的煤矿历史和煤矿工人吃苦耐劳的精神品质。

规划用地道路两侧以煤矿为元素打造景观小品。如图案为"安全"字样的人行道鹅卵石和纯黑色的路灯，充分展示出七台河市独特的煤矿文化。

七台河生物发酵循环经济产业园规划　　　　　　　　　HARBIN INSTITUTE OF TECHNOLOGY

4.2 园区文化规划图 2

体育文化

我国至今共取得冬奥会金牌9枚，七台河籍运动员共获冬奥金牌5.5枚，占我国全部冬奥会金牌总数的61.1%，国家体育总局在总结表彰大会上将这一现象称之为七台河"冬奥冠军现象"。

寒地文化

七台河市处于中温带湿润气候区，四季分明。冬季长而干燥寒冷，夏季短而温热多雨。隆冬月（一月）平均气温为-18.3℃。极端最低气温达-39.0℃。

借助地形，在山腰修建滑雪场，不仅能够使市民丰富户外活动，强身健体还能培养青少年对滑雪项目的兴趣，为奥运冠军的培养打下基础

在规划用地的居住区内修建室内滑冰场，不仅能够培养青少年对滑冰项目的兴趣，使小运动的学习与训练更加专业，为奥运冠军的培养打下基础。

在规划用地的居住区内修建"奥运冠军"文化展廊。使市民领略到更多家乡运动健儿的风采并且充分展现七台河市独有的奥运文化。

七台河市属于北方寒地城市，冬季寒冷，河水会结冰。在河岸上修建滑冰场、冰滑梯、冰爬犁等娱乐设施，既能够体现七台河市独特的寒地文化又能够丰富市民的户外生活。

七台河市冬季长而干燥寒冷，夏季短而温热多雨。可结合冬季长达半年的气候特征，形成特有的雕塑景观形式—冰雪文化雕塑，这些雕塑可以每年变换，可塑性很强，能极大程度上丰富寒地

七台河生物发酵循环经济产业园规划　　　　　　　　　HARBIN INSTITUTE OF TECHNOLOGY

▲ 七台河生物发酵循环经济产业园规划
学生姓名：杨明阳　张晓雪

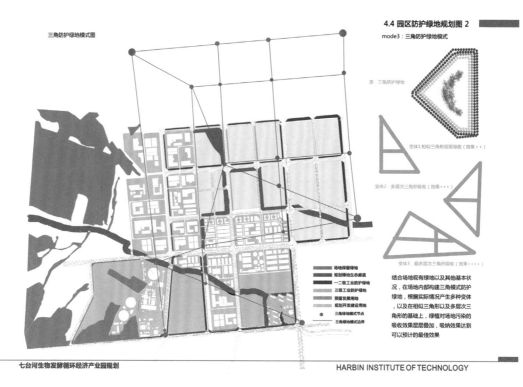

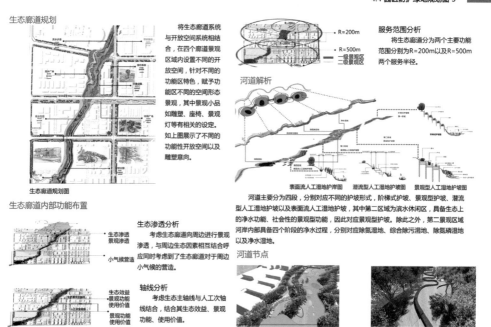

▲ 七台河生物发酵循环经济产业园规划
学生姓名：杨明阳　张晓雪

　　目前，慢性疾病成为我国居民死亡主因并呈年轻化发展趋势。本方案着眼于城市公共健康角度，通过科学、合理的城市开放空间系统规划，维持健康的生存环境以及促进健康的生活方式，减少肥胖与患病的可能性，促进多维度的公共健康。基于深圳上屋社区的场地现状，提出"不疾之城"的设计概念，并通过五大变革性思路——"绿色核心圈、活力街道、重返滨水区、每个人的公园区、本地场所"去实现这一城市构想，它们通过对应的效用机制实现生态、生理、精神和社会 4 个维度的健康效益，最终打造一座不会生病的城市——"不疾之城"。

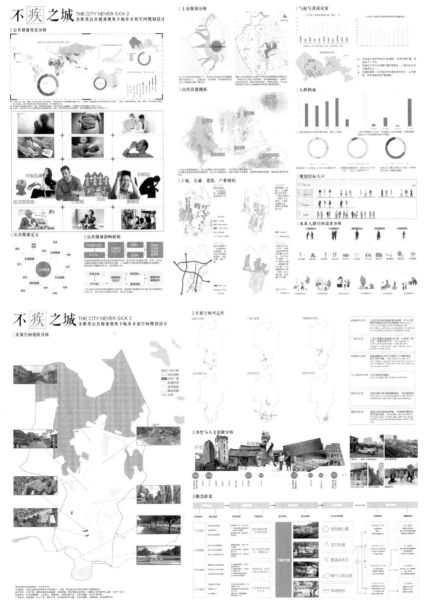

◀不疾之城

学生姓名：黄志彬

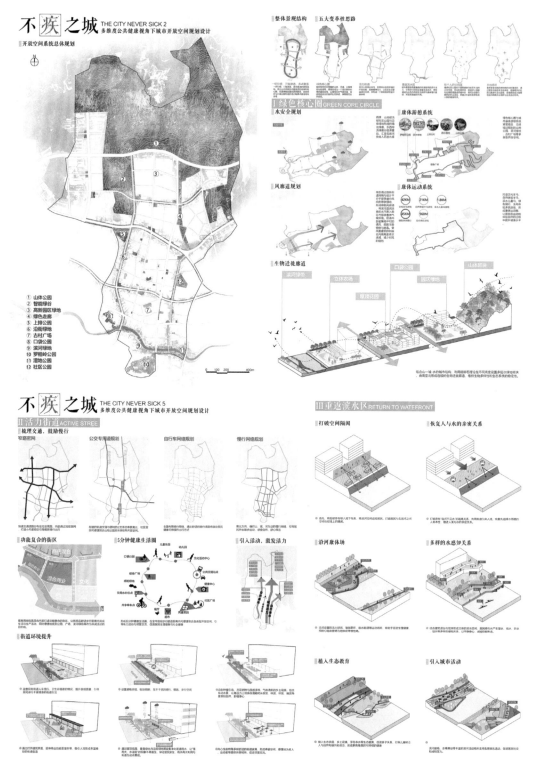

▲ 不疾之城

学生姓名：黄志彬

▲ 不疾之城
学生姓名：黄志彬

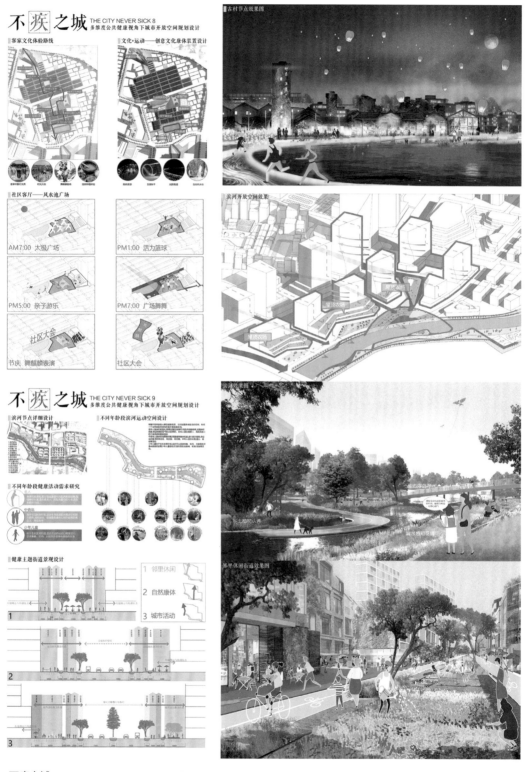

▲ 不疾之城

学生姓名：黄志彬

3.6 设计竞赛

Design Competition

亚洲设计学年奖
Asian Design Award

竞赛介绍

　　亚洲设计学年奖（2003—2020 年）致力于打造亚洲国家和地区高校之间最大范围、最大规模、最深入交流、最具影响力的专业权威性设计交流盛会。经过 17 年的积累，在建筑、景观、室内、展示、光环境、城市设计的框架和基础上，将国际、国内的设计界、设计高校、协会组织等充分对接，为推进学术界和产业界的交流和发展不遗余力。2015 年中国环境设计学年奖服务平台全面升级，亚洲设计学年奖与亚洲城市与建筑联盟（Asia Architecture and Urbanism Alliance，简称AAUA）一起推动其设计与教育的国际化和产业化发展。

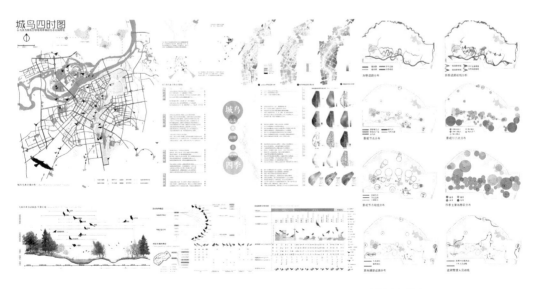

▲ 城鸟四时图
作者姓名：沈孙乐　黄志彬　杜玥辉

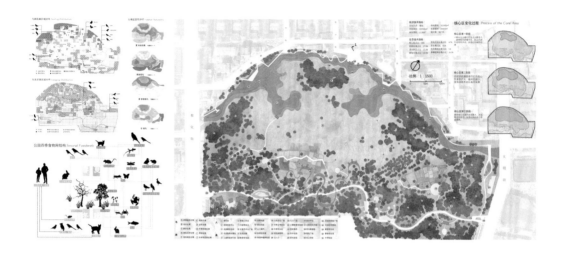

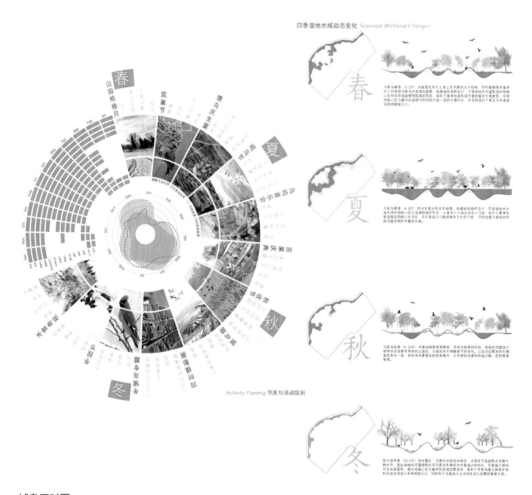

▲ 城鸟四时图
作者姓名：沈孙乐　黄志彬　杜玥辉

▲ 城鸟四时图

作者姓名：沈孙乐　黄志彬　杜玥辉

中国风景园林学会大学生设计竞赛
CHSLA Student Design Competition

中国风景园林学会（CHSLA）是中国科学技术协会和国际风景园林师联合会（IFLA）成员，是中国风景园林规划设计领域的最高行业学术机构。中国风景园林学会大学生设计竞赛是中国风景园林学会倾力打造的国家级设计竞赛，旨在提高风景园林专业大学生设计水平，鼓励和激发大学生的创造性思维，引导大学生对风景园林学科和行业发展前沿性问题的思考。

中国风景园林学会大学生设计竞赛近几年的命题主题包括"城镇化与风景园林""风景园林与城市废弃地的重生""生态修复与城市修补"等。邀请全球范围高等院校的相关专业本科生和研究生参赛，征集具有创新性和前瞻性的研究型设计方案。

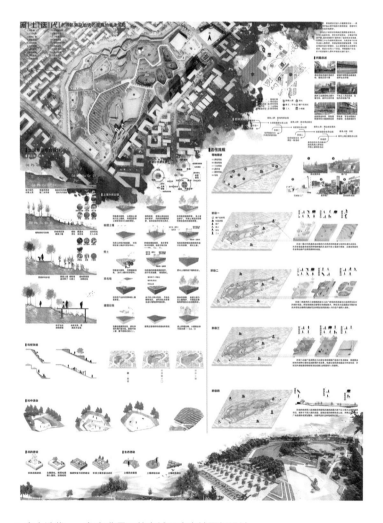

▲ 废土迭代——复杂背景下的老城区废弃地更新设计
作者姓名：马玥莹　秦椿棚　郑杰鸿　张持

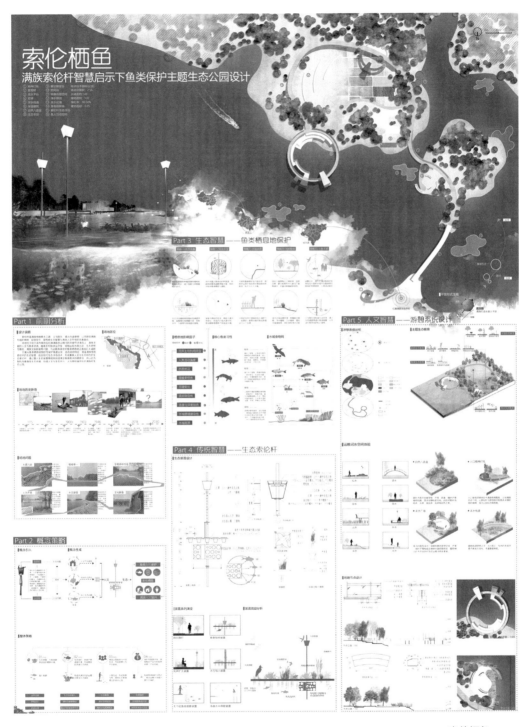

▲ 索伦栖鱼
作者姓名：黄志彬

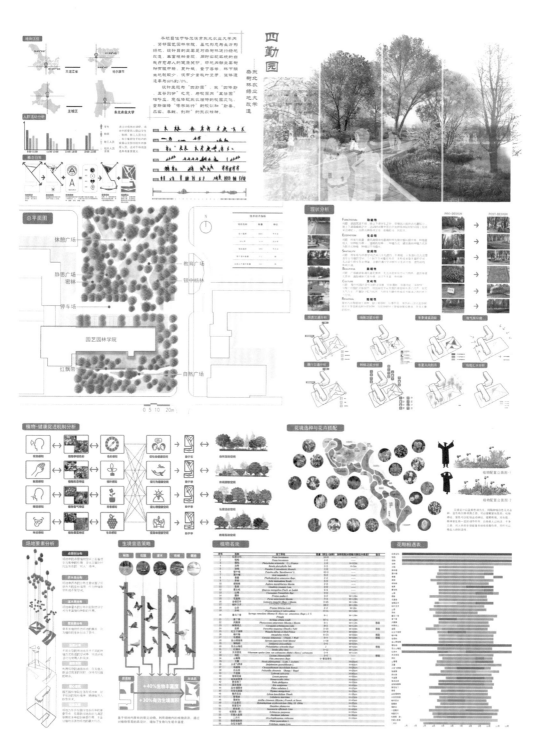

▲ 四勤园

作者姓名：胡俞洁　陈丽名　张冉

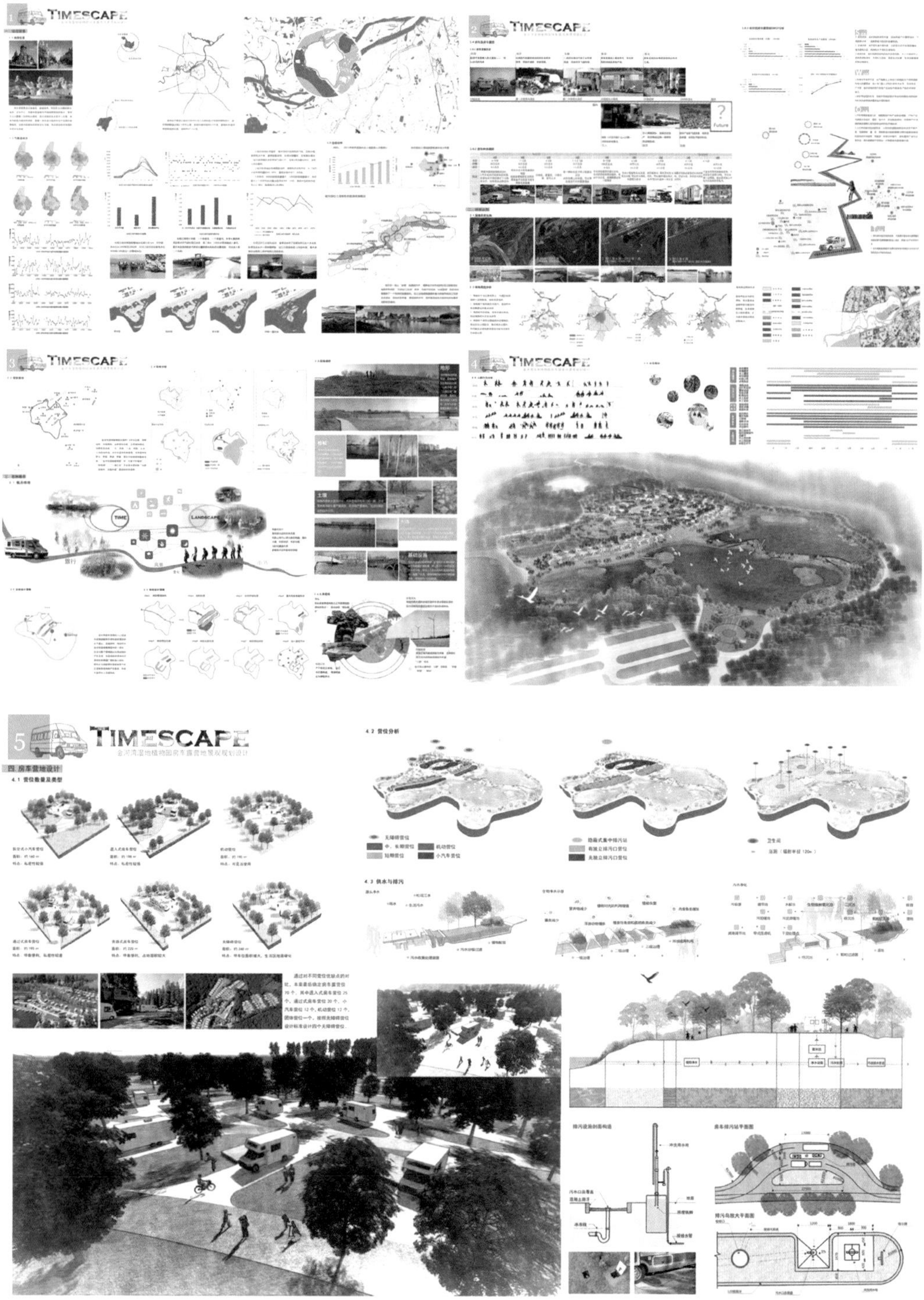

▲ TIMESCAPE
作者姓名：崔倩倩

美国风景园林师协会奖
ASLA Awards

竞赛介绍

作为美国最高级别的风景园林奖项，美国风景园林师协会奖（American Society of Landscape Architects Awards，简称ASLA奖）在20世纪70年代逐渐成熟起来。该奖项奖励在设计、规划和分析、信息传播4个方面有卓越表现的风景园林作品，分为专业组及学生组，奖项级别设置有杰出奖及荣誉奖。

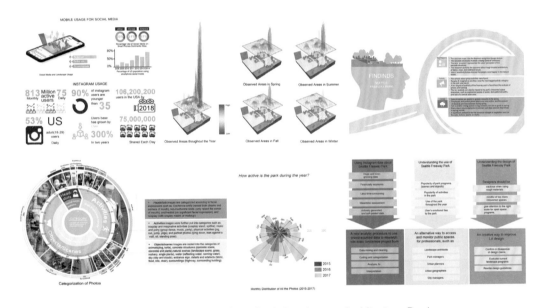

▲ Using Social Media Data to Understand Site-Scale Landscape Architecture Design
作者姓名：张波　宋扬　张冉　王力　朱逊　Jacob Krafft

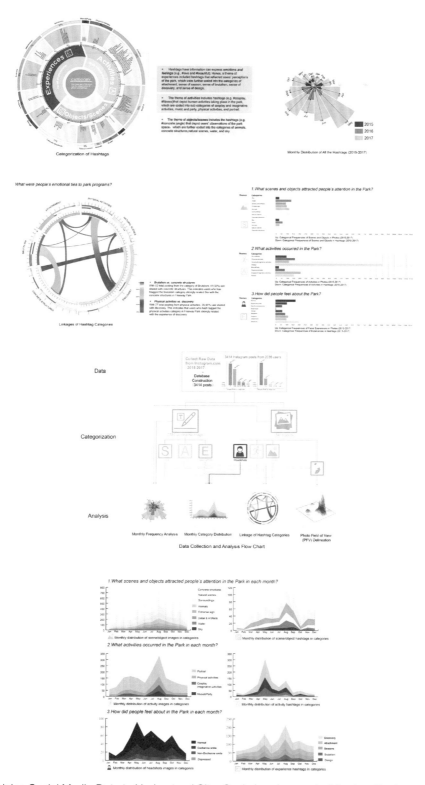

▲ Using Social Media Data to Understand Site-Scale Landscape Architecture Design
作者姓名：张波　宋扬　张冉　王力　朱逊　Jacob Krafft

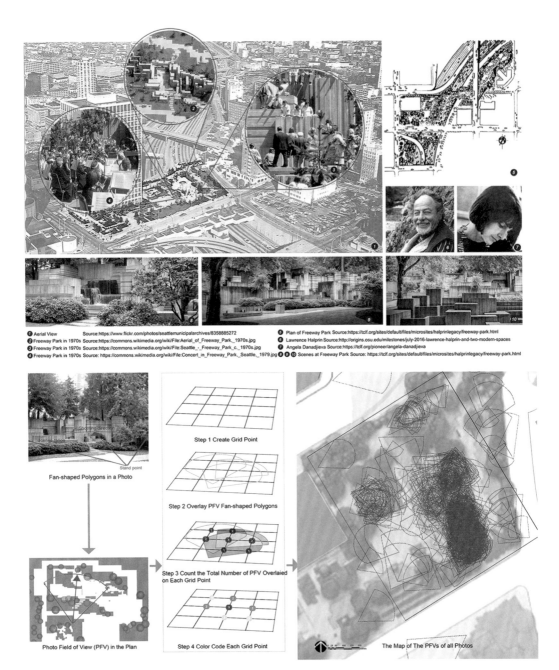

① Aerial View Source:https://www.flickr.com/photos/seattlemunicipalarchives/8358885272
② Freeway Park in 1970s Source:https://commons.wikimedia.org/wiki/File:Aerial_of_Freeway_Park._1970s.jpg
③ Freeway Park in 1970s Source:https://commons.wikimedia.org/wiki/File:Seattle_-_Freeway_Park_c._1970s.jpg
④ Freeway Park in 1970s Source: https://commons.wikimedia.org/wiki/File:Concert_in_Freeway_Park._Seattle._1979.jpg
⑤ Plan of Freeway Park Source:https://tclf.org/sites/default/files/microsites/halprinlegacy/freeway-park.html
⑥ Lawrence Halprin Source: http://origins.osu.edu/milestones/july-2016-lawrence-halprin-and-two-modern-spaces
⑦ Angela Danadjieva Source:https://tclf.org/pioneer/angela-danadjieva
⑧ ⑨ ⑩ Scenes at Freeway Park Source: https://tclf.org/sites/default/files/microsites/halprinlegacy/freeway-park.html

▲ Using Social Media Data to Understand Site-Scale Landscape Architecture Design
作者姓名：张波　宋扬　张冉　王力　朱逊　Jacob Krafft

中国收缩城市规划设计工作坊
China Shrinking City Lab of Urban Planning and Design

竞赛介绍

　　中国收缩城市规划设计工作坊由中国城市规划学会城市规划新技术应用学术委员会、鹤岗市人民政府、黑龙江省城市规划协会、清华大学建筑学院共同主办。以"精明收缩·品质发展"为主题，选择黑龙江省鹤岗市作为设计对象，邀请城乡规划专业知名高校的师生进行设计实践及探索。活动旨在直面中国收缩城市的客观现实，通过城市规划手段探索应对收缩城市的新技术和新方法，为收缩型城市发展从规划设计角度提供可行性路径。

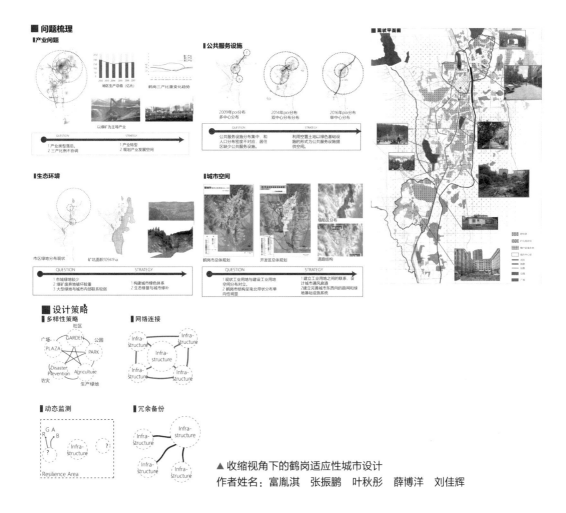

▲ 收缩视角下的鹤岗适应性城市设计

作者姓名：富胤淇　张振鹏　叶秋彤　薛博洋　刘佳辉

■ 收缩城市理论研究

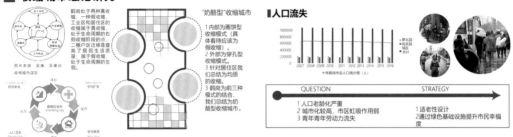

鹤岗处于两种真收缩，一种假收缩。工业区和居住区的收缩属于真收缩，处于生命周期的右侧收缩阶段的点。二棚户区迁移属于居民生活质量，属于假收缩，处于生命周期的左侧。

"奶酪型"收缩城市
1 内部为圈饼型收缩模式（具体看待应该为假收缩）。
2 外部为穿孔型收缩模式。
3 针对居住区我们总结为均质的收缩。
3 鹤岗为前三种模式的结合，我们总结为奶酪型收缩城市。

人口流失

1 人口老龄化严重
2 城市化较高，市区虹吸作用弱
3 青年青年劳动力流失

QUESTION → STRATEGY

1 适老性设计
2 通过绿色基础设施提升市民幸福度

■ 逻辑框架

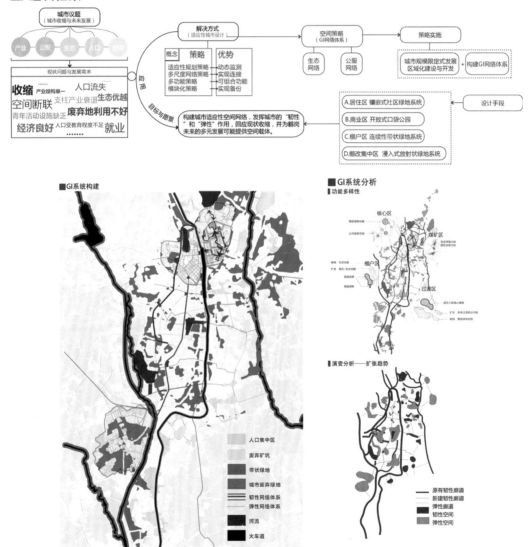

■GI系统构建

人口集中区
废弃矿坑
带状绿地
城市废弃绿地
韧性网络体系
弹性网络体系
河流
火车道

■GI系统分析
■功能多样性

■演变分析——扩张趋势

原有韧性廊道
新建韧性廊道
弹性廊道
韧性空间
弹性空间

▲ 收缩视角下的鹤岗适应性城市设计
作者姓名：富胤淇　张振鹏　叶秋彤　薛博洋　刘佳辉

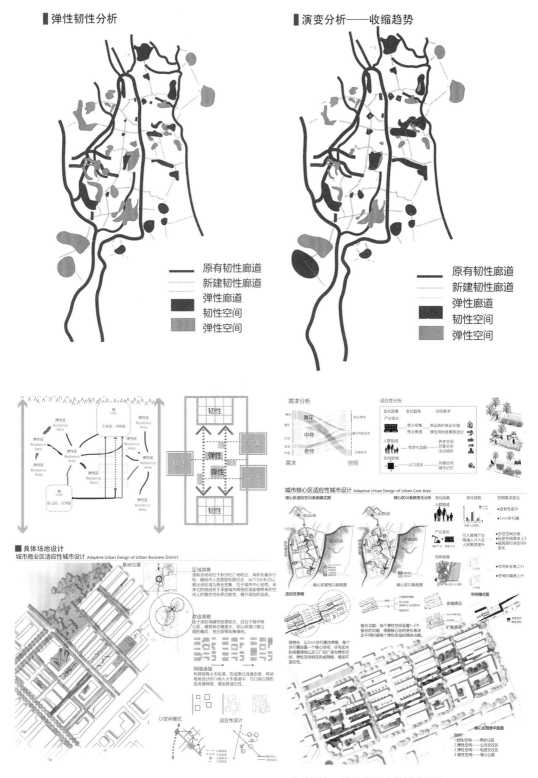

▲ 收缩视角下的鹤岗适应性城市设计

作者姓名：富胤淇 张振鹏 叶秋彤 薛博洋 刘佳辉

国际景观规划设计奖
IDEA-KING Awards

竞赛介绍

　　国际景观规划设计奖（艾景奖），英文名IDEA-KING，创立于2011年，是人居环境领域以社会力量方式设立的国际景观规划设计大奖。设奖机构为中国建筑文化研究会，决策机构为人居环境建设行业有关单位组成的艾景智库学术委员会。其办奖宗旨是"推动健康可持续的人居环境建设"。艾景奖每年在中国举办一次大型活动，对来自世界各地的作品进行遴选。评奖专家团队由国内外一流专家和设计师组成。经过多年发展，艾景奖已经发展为国内外同行业进行学术交流，展示学术成果的综合性平台。该奖项多年来一直得到中国有关部门和各地方政府的大力支持。目前，艾景奖已经拥有组织设计竞赛、学术会议、产业博览会的全产业链品牌活动能力，并和美国、英国、意大利、比利时、荷兰、日本等国的人居环境、景观设计界建立了良好的合作关系。

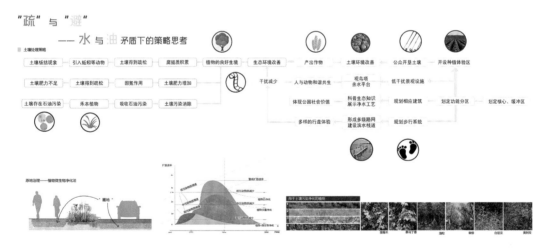

▲ 疏与避——水与油矛盾下的策略思考
作者姓名：荣婧宏　哈虹竹　李珍富

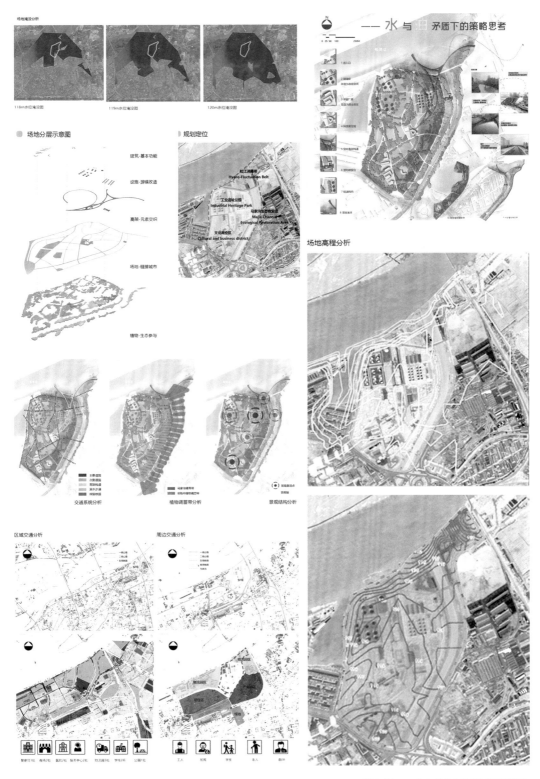

▲ 疏与避——水与油矛盾下的策略思考
作者姓名：荣婧宏　哈虹竹　李珍富

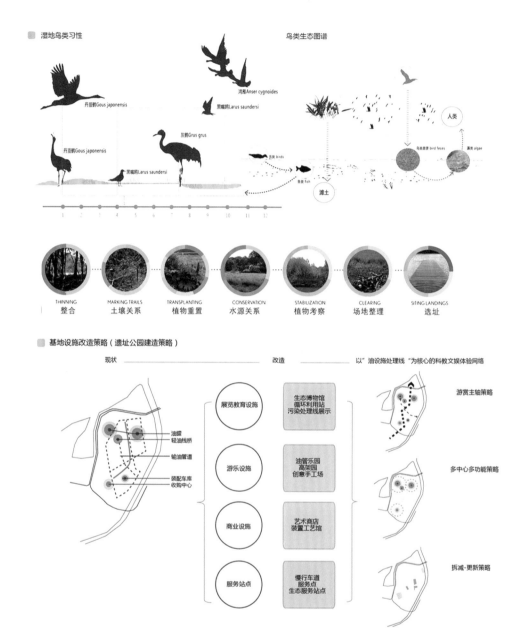

湿地鸟类习性

鸟类生态图谱

基地设施改造策略（遗址公园建造策略）

水改造策略

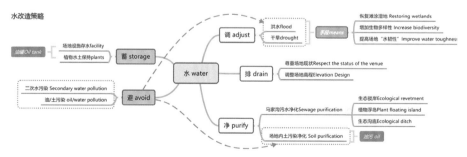

▲ 疏与避——水与油矛盾下的策略思考
作者姓名：荣婧宏　哈虹竹　李珍富

▲ 疏与避——水与油矛盾下的策略思考
作者姓名：荣婧宏 哈虹竹 李珍富

　　2018年第八届艾景奖国际园林景观规划设计大赛以"未来乡村"为主题，旨在响应中央一号文件《中共中央国务院关于实施乡村振兴战略的意见》的号召，助力乡村振兴建设领域的发展。艾景奖组委会邀请世界各地设计机构参与竞赛，发挥他们的想象力，为我国美丽宜居乡村建设征集前瞻性的方案。

　　大赛作品要求体现"未来乡村"主题；结合东方文化的内涵、具备国际化的视野，设计风格不拘；提倡传统与时尚相结合的创作理念；符合时代审美要求，结合民众日常需要，提升大众生活品位。通过创新设计，让生活更便捷、更多彩、更生态、更安全、更亲和、更温馨、更健康、更节能、更环保。

① 入口码头
② 社区展览馆
③ 芳华广场
④ 社区中心
⑤ 运动休闲广场
⑥ 入口广场
⑦ 立体停车场
⑧ 江滨广场
⑨ 亲水平台
⑩ 工业遗址公园入口
⑪ 江桥
⑫ 眺望台
⑬ 码头广场
⑭ 滨江大坝
⑮ 湿地公园入口
⑯ 船坞平台

▲ 向往的SOHO——基于工业空间更新的船厂社区改造
作者姓名：王之锴　任智慧　朱晓玥

▲ 向往的SOHO——基于工业空间更新的船厂社区改造
作者姓名：王之锴　任智慧　朱晓玥

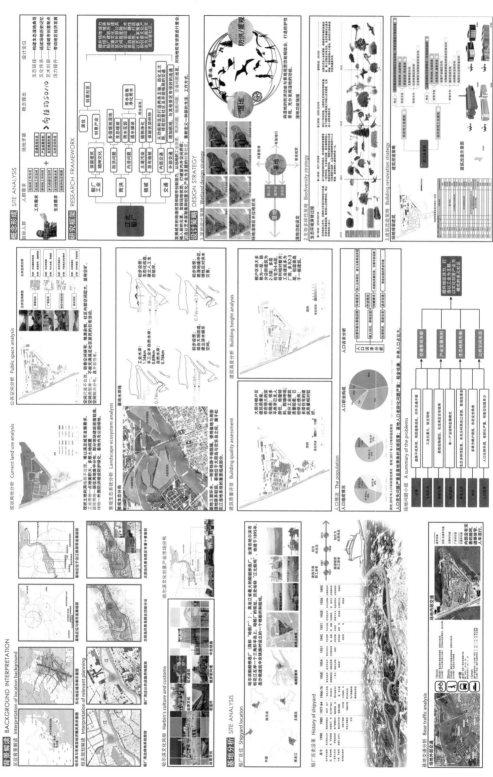

▲ 向往的SOHO——基于工业空间更新的船厂社区改造
作者姓名：王之锴 任智慧 朱晓玥

节点设计 DETAIL DESIGN

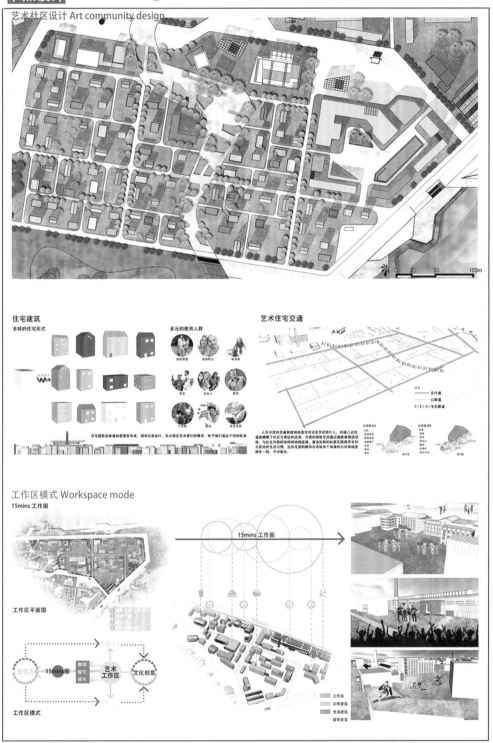

▲ 向往的SOHO——基于工业空间更新的船厂社区改造
作者姓名：王之锴　任智慧　朱晓玥